逻辑思维
脑科学训练题

叶婷 ◎ 主编

天津出版传媒集团
天津科学技术出版社

图书在版编目（CIP）数据

逻辑思维脑科学训练题 / 叶婷主编. -- 天津：天津科学技术出版社，2022.7
　ISBN 978-7-5742-0105-7

　Ⅰ.①逻… Ⅱ.①叶… Ⅲ.①逻辑思维－思维训练 Ⅳ.① B812.2

中国版本图书馆 CIP 数据核字（2022）第 101543 号

逻辑思维脑科学训练题
LUOJI SIWEI NAOKEXUE XUNLIAN TI

策 划 人：	杨　譞
责任编辑：	马　悦
责任印制：	兰　毅
出　　版：	天津出版传媒集团 天津科学技术出版社
地　　址：	天津市西康路 35 号
邮　　编：	300051
电　　话：	（022）23332490
网　　址：	www.tjkjcbs.com.cn
发　　行：	新华书店经销
印　　刷：	河北松源印刷有限公司

开本 880×1 230　1/32　印张 6　字数 130 000
2022 年 7 月第 1 版第 1 次印刷
定价：38.00 元

PREFACE 前 言

　　逻辑思维能力是指采用科学的思维方法，对事物进行观察、比较、分析、综合、抽象、概括、判断、推理，从而准确而有条理地表达自己思维过程的能力。生活中，逻辑无处不在。无论我们是有意还是无意，逻辑无时不在服务于我们的生活，思考、工作、生活中，处处可见逻辑的影子。不但决定了思考能力、学习能力、管理能力、表达能力，还与我们日常生活中的行事、说话、交往等密切相关，它对我们理清思路、完善语言表达能力、统筹时间、规划人生等都有很大帮助。

　　一般来说，每个人的逻辑思维能力都不是一成不变的，它是一个永远也挖不完的宝藏，只要懂得基本的规则与技巧，再加上适当的科学训练，每个人的逻辑思维能力都能获得极大的提升。那么，该如何使大脑"动起来"，轻松提高逻辑能力呢？

　　逻辑是所有学科的基础，无论你想学习哪一门专业，要想学得好，学得快，都要有较强的逻辑思维能力。本书介绍了排除法、递推法、倒推法、作图法、假设法、计算法、分析法、类比法等8种常用的解题方法，并精选世界上顶级的逻辑思维训练题，既有简单的谜题，也有复杂的游戏，每一道训练题都是为全方位培养和训练读者的逻辑思维能力专门设计的，引导读者亲身实践这些方法的应用。通过完成这些训练题，你会发现自己的逻辑思维潜能得到了有效开发，无论在学习、生活、求职、工作中遭遇什么样的问题，你都不会再感到无从下手，而是能够运用从本书中学到的各种逻辑思维方法，通过思维的灵活转换，顺利迈向成功。

目 录

第1章
排除法

1. 困惑 002
2. 找出异己 002
3. 破损的宝塔 002
4. 找袜子 003
5. 找不同 003
6. 巧穿数字 003
7. 猫老鼠 004
8. 封口 004
9. 最牢固的门 005
10. 马虎的校长 005
11. 哪一个不一样 005
12. 圣诞聚会 006
13. 形单影只 006
14. 南瓜脸 006
15. 镜像 007
16. 规律 007
17. 帽子的颜色 007
18. 巧辨开关 008
19. 特殊数字 008
20. 辨真伪 008
21. 六角迷宫 009
22. 残缺的迷宫 009
23. 波娣娅的宝盒 010
24. 三棱柱 010
25. 说谎者 011
26. 影像契合 011
27. 分开链条 012
28. 翻身 012
29. 加薪 012
30. 美丽的正方体 013
31. 看一看 013
32. 一刀两断 014
33. 残缺的纸杯 014

34. 补缺口..................015
35. 国际象棋..............015
36. 在海滩上..............016
37. 移民....................016
38. 工作服................017

答 案..................019

第2章
递推法

1. 图形组合..............024
2. 图形四等分..........024
3. 哪个不相关..........024
4. 填数字................025
5. 黑色还是白色......025
6. 缺少的时针..........025
7. 类同变化..............026
8. 回忆填图..............026
9. 规律推图..............026
10. 图形选择............027
11. 组合转换............027
12. 填数字................028
13. 理发师................028
14. 天平配平............028
15. 有趣的脸谱........029
16. 查缺补漏............029
17. 兄弟姐妹............030
18. 哪三人是一家....030
19. 数字代码............030
20. 顺序....................031
21. 推测符号............031
22. 数字巧妙推........031
23. 数字矩阵............032
24. 补充表格............032
25. 猜出新号码........032
26. 古柏树的年龄....033
27. 图形转换............033
28. 寻找骨牌............034
29. 补充图案............034
30. 拼凑瓷砖............035
31. 猜数字................035
32. 搬运雪块............036
33. 对应....................036
34. 仓库被盗............037
35. 有钱人................037
36. 家庭比赛............037
37. 乐极生悲............038
38. 挑选人员............038

39. 添上一条线 039
40. 中国盒 039
41. 大采购 040
42. 大嘴鲈鱼 040
43. 公安局局长 040

答 案 041

第 3 章
倒推法

1. 移动三角 046
2. 灯笼 "101" 046
3. 奇怪的家庭 047
4. 不变的星星 047
5. 巧挪硬币 047
6. 几只鸟 047
7. 多少人 047
8. 给蠢货让路 048
9. 上下颠倒 048
10. 多了一把伞 048
11. 小舟变形 049
12. 猫捉老鼠 049
13. 火柴搬家 049
14. 他们是双胞胎吗 049

15. 谁更有利 050
16. 正常国与反常国 050
17. 分糖果 050
18. 黑白棋子 051
19. 迷路 051
20. 交换 051
21. 跳台阶 051
22. 百羊趣题 052
23. 字母散步 052
24. 一句话答全 052
25. 真实的谎言 053
26. 书 053
27. 吹泡泡 054
28. 风铃 054
29. 无赖和愚蠢 055
30. 衣服的数量 055
31. 善良的老奶奶 055
32. 糖块儿 056
33. 纸牌 057
34. 葡萄酒 057
35. 硬币计数器 058
36. 磨坊 059
37. 矩形 059
38. 剧场 060

39. 盛汤的碗 060
40. 乘雪橇 060
41. 滚轮船 061
42. 看台 061

答案 062

第4章
作图法

1. 几个正方形 068
2. 男生还是女生 068
3. 双胞离体 068
4. 视图 069
5. 油漆窗户 069
6. 拉直的绳子 069
7. 划分数字 070
8. 面积有多大 070
9. 人鬼同渡 070
10. 拼汉字 071
11. 虎毒不食子 071
12. 戒指放盒里 071
13. 十字变方 072
14. 巧做十字标 072
15. 设计桌面 073
16. 胜算最大的赌博 073
17. 巴兹·索 073
18. 神奇的"Z" 074
19. 小狗菲多 074
20. 巧克力 075
21. 货车卸运 075
22. 贪玩的蜗牛 076
23. 木匠活儿 076
24. 老鼠迪克 077
25. 不向左转 077
26. 只剩一点 078
27. 条条大道通罗马 078
28. 飞船 079
29. 太妃糖 080
30. 应聘 080
31. 雪橇 081
32. 共线 082
33. 馅饼 082
34. 面包店 083
35. 镜子 083
36. 曲线连数 084
37. 重叠的长方形 084
38. 未来时光 085
39. 各走各门 085

40. 兔子难题 086
41. 移动汽车 086

答案 087

第5章
假设法

1. 巧送牛奶 096
2. 三位美女 096
3. 丢失的数字 096
4. 扒手 097
5. 判断公共汽车驶向 097
6. 配合握手 097
7. 错误多面角 098
8. 心灵手巧的少妇 098
9. 枪战胜算 099
10. 筷子搭桥 099
11. 螺旋 099
12. 五角星上的硬币 100
13. 真正的出路 100
14. 猜猜是谁 101
15. 小男孩和小女孩 101
16. 冰激凌棒 102
17. 邮票 102
18. 杯垫 103
19. 箭头 103
20. 钥匙在哪里 104
21. 撒谎村来的打工妹...104
22. 爱撒谎的一家人 ...104
23. 燕子李三 105
24. 真实身份 106
25. 分辨姐妹 106
26. 字母与数字配对 106
27. 哪瓶是葡萄酒 107
28. 分辨矿石 107
29. 两位老实人 108
30. 分辨雌雄 108
31. 扑克牌 109
32. 玩纸牌 109
33. 金字塔 110
34. 可怜的囚犯 110
35. 玩具店 111
36. 4只小狗 112
37. 外星来客 112
38. 真正的藏宝箱 113
39. 天使的钻戒 113
40. 游戏天才 114
41. 水与酒 115

42. 谁害了议员 115
43. 马·博斯科姆斯公寓... 116

答案 117

第6章
计算法

1. 循环赛 128
2. 数字组合 128
3. 巧妙连线 128
4. 公元前出生的人 129
5. 抛硬币 129
6. 蜡烛 129
7. 自助就餐 129
8. 合作 129
9. 数字和密码 130
10. 走楼梯 130
11. 养鸽 130
12. 奥赛试题 130
13. 创意算式 131
14. 几何 131
15. 购票 131
16. 4个5 132
17. 狗吃饼干 132
18. 希腊绅士 132
19. 欢聚圣诞节 132
20. 概率 133
21. 剩余的页数 133
22. 破解密码算式 133
23. 硬币正方形 134
24. 招生计划 134
25. 香槟的分法 134
26. 酒鬼 134
27. 产量 134
28. 回到原点 135
29. 猜猜年龄 135
30. 布鞋与皮鞋 135
31. 她几岁了 135
32. 巧算线段 136
33. 排列数字 136

答案 137

第7章
分析法

1. 牛奶咖啡 142
2. 向左向右 142
3. 书的价格 142

4. 远近 142
5. 向哪边倾斜 143
6. 创意植树 143
7. 只动一点点 143
8. 停止不动 143
9. 没收钱币 143
10. 孰对孰错 144
11. 赔了还是赚了 144
12. 巧取袜子 144
13. 比赛排名 144
14. 板砖 145
15. 小孔的变化 145
16. 风中的蜡烛 146
17. 魔方 146
18. 运动员的年龄 146
19. 凶手是谁 146
20. 同步左脚 147
21. 多点相连 147
22. 三只桶的称量 147
23. 镜子 148
24. 决斗制胜 148
25. 切割菱形 148
26. 标签怎样用 149
27. 十字路口 149

28. 谁对 150
29. 遗嘱执行 150
30. 不同颜色的马 150
31. 长长的工龄 151
32. 3个兄弟 152

答 案 **153**

第8章
类比法

1. 最佳位置 158
2. 文字推数 158
3. 单词 158
4. 妙用砝码 159
5. 细菌分裂 159
6. 谁的照片 159
7. 最重的西瓜 159
8. 爱丽丝 160
9. 真的没有时间吗 .. 160
10. 碑铭 161
11. 巧妙反驳 161
12. 长袜 162
13. 一样的小马 162
14. 最适合 163

15. 假设 163
16. 哪里人 164
17. 判断正误 164
18. 成才与独生 164
19. 挽救熊猫的方法 165
20. 犯罪嫌疑人 165
21. 百米冠军 166
22. 朗姆酒 166
23. 市议员 167
24. 黄金产权 167
25. 左撇子，右撇子 168
26. 假币 168
27. 搜查 169
28. 正确答案 169
29. 英语过级 170
30. 背后的圆牌 170
31. 假砝码 171
32. 3000米决赛 171
33. 商业调查 172

答案 173

第1章
排除法

1. 困惑

哪一项不是箱子相同 3 个面的视图？

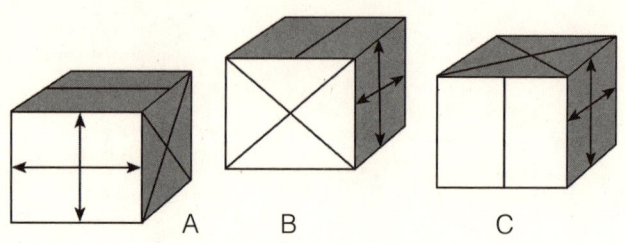

2. 找出异己

在下列 5 个字母中，哪个与其余 4 个差别最大呢？

AZFNE

3. 破损的宝塔

年久失修的宝塔，裂缝多多，其中有 2 块碎片形状是一模一样的，是哪 2 块碎片？

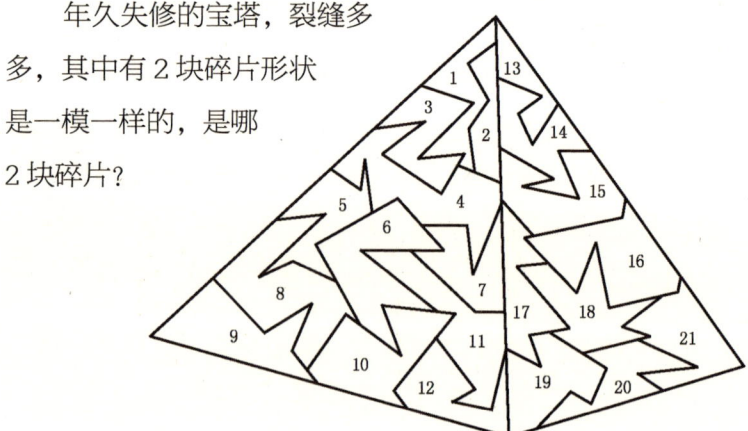

4.找袜子

图中7只袜子随便地摆放着,请你仔细地观察一下,放在最下面的是几号袜子呢?

5.找不同

在下列12张脸谱中,你能看出哪一张与众不同呢?

6.巧穿数字

右面是由数字组成的迷宫图,如何从进口处走到出口处?

7. 猫老鼠

猫逮住白鼠还是黑鼠?

8. 封口

羊栏里有36个出口,但只要封住其中一个出口,羊就根本无法跑出去,应封住哪个出口?

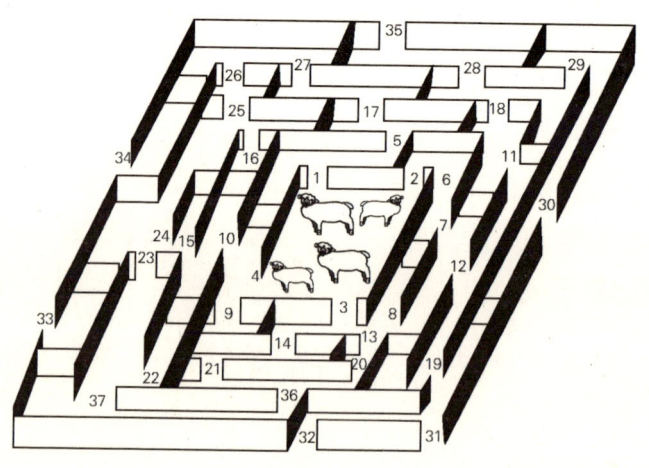

9. 最牢固的门

看下图，A，B，C，D是4扇木制门框，哪一扇门框的结构最牢呢？为什么？

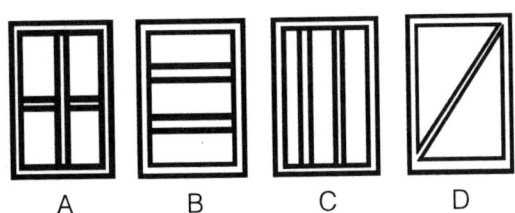

10. 马虎的校长

吴校长做事特别马虎，这天，他要在4名老师获得的奖品和奖状上写上名字，但是，他把一些人的名字和对应的奖项写错了。当然，他不会在一个奖项下写两个名字的，所以出错也不外乎这样3种可能：正好有3个人写对了；正好有2个人写对了；正好有1个人写错了。那么，他究竟写错了几个人的名字？

11. 哪一个不一样

下面几个图片中，哪一个与其他的不一样？

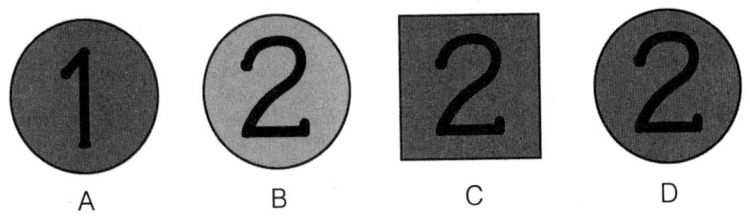

12. 圣诞聚会

5个好朋友约好周末参加一次圣诞聚会。他们都不是在同一个时间到达约会地点的：A 不是第一个到达约会地点；B 紧跟在 A 的后面到达约会地点；C 既不是第一个也不是最后一个到达约会地点；D 不是第二个到达约会地点；E 在 D 之后第二个到达约会地点。

你知道他们到达约会地点的先后顺序吗？

13. 形单影只

下列图形中哪一个是与众不同的？

A　　　　B　　　　C　　　　D　　　　E

14. 南瓜脸

右面哪两个图形完全相同？

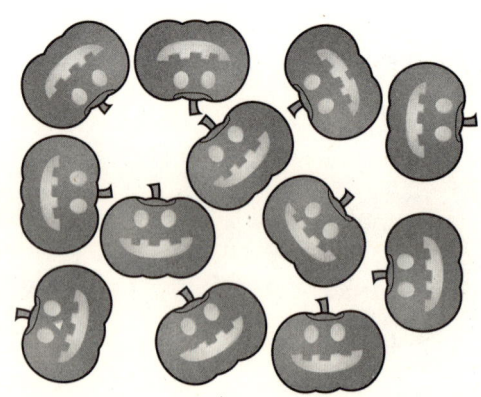

15. 镜像

5个选项中哪一个是所给图的镜像图？

16. 规律

哪一项不符合排列规律？

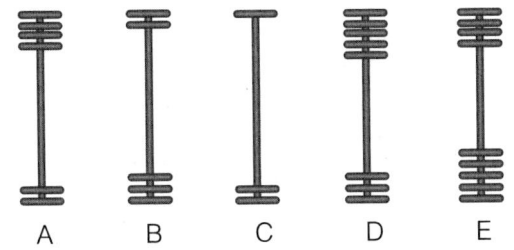

17. 帽子的颜色

有3顶白帽子和2顶黑帽子。让甲、乙、丙3人在知晓帽子的情况下同向列成一队，然后分别给他们戴上一顶白帽子。即丙可以看到乙、甲，乙可以看到甲，甲则看不到乙、丙。如下图。他们3人中，随着时间的延长，谁可以正确推导出自己头上所戴帽子的颜色？

18. 巧辨开关

有2间房,一间房里有3盏灯,另一间房有控制这3盏灯的开关(这两间房是分割开的,毫无联系)。现在要你分别进这两间房一次,然后判断出这3盏灯分别是由哪个开关控制,你能想出办法吗(注意:每间房只能进一次)?

19. 特殊数字

圆中的哪个数是特殊的?

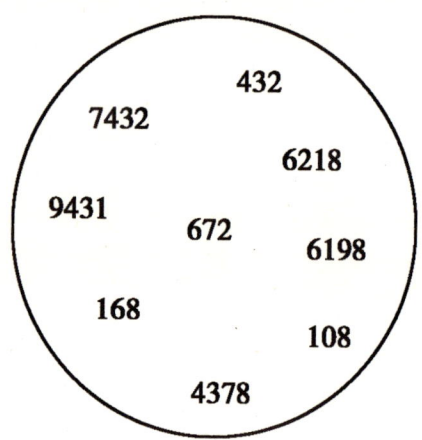

20. 辨真伪

制笔厂发出10箱铱金笔,其中有一箱是用不锈钢材料做的替代品。10个箱子外形和颜色都一样,只是重量上有差别:铱金笔每支重100克,不锈钢替代品每支重90克。要求用一个天平只称一次把这箱替代品检查出来。你知道怎样称吗?

21. 六角迷宫

托米要去森林采草莓,你能帮他穿过六角森林吗?

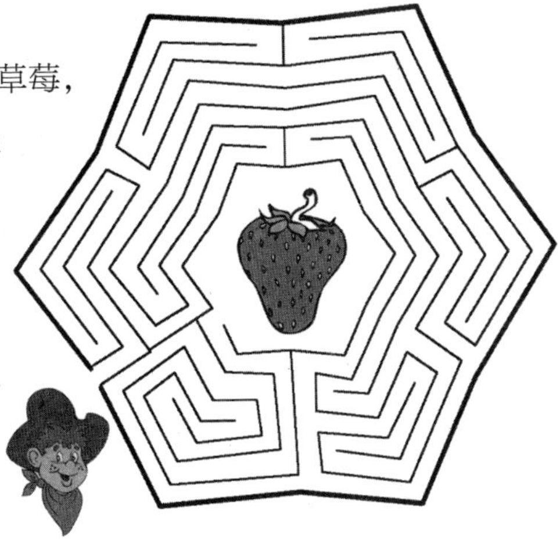

22. 残缺的迷宫

下图是一张残缺了的迷宫图。为使迷宫图能走得通,请你在 A,B,C 中选出合适的迷宫残缺图补上,并试着走出这个迷宫。

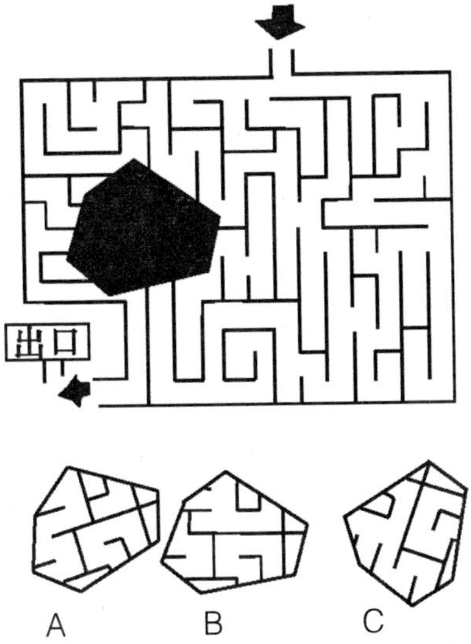

23. 波娣娅的宝盒

在莎士比亚的《威尼斯商人》一剧中,波娣娅有3个珠宝盒,一个是金的,一个是银的,一个是铜的。在这3个盒子的某一个中,藏有波娣娅的画像。波娣娅的追求者要在这3个盒子中选择一个。如果他有足够的运气,或者足够的智慧,挑出的那个盒子藏有波娣娅的画像,他就能宣布娶波娣娅为妻子。如下图所示,在每个盒子的外面,写有一段话,内容都是有关本盒子是否装有画像。

波娣娅告诉追求者,上述3句话中,最多只有一句是真的。这个追求者有可能成为幸运者吗?如果有的话,应该选择哪个盒子呢?

24. 三棱柱

4个选项中哪一个是原图的展开图?

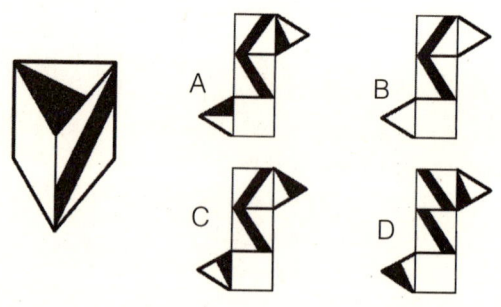

25. 说谎者

我虽不知道谁在撒谎，可我知道这3个人当中只有1个人说了实话。那么，这个人是谁呢，是亨利还是西尔玛？

26. 影像契合

下面6个选项中哪一个与所给剪影的轮廓完全契合？

27. 分开链条

在收拾一盒链子时,珠宝匠发现了如图所示的3根相连的链条,并决定把这链条分开。经过观察,珠宝匠找到了只需打开1根链子就能分开整个链条的方法。你找出来了吗?

28. 翻身

请你把下边的火柴图按箭头所指的方向翻一个身,它会变成选项中哪一个?

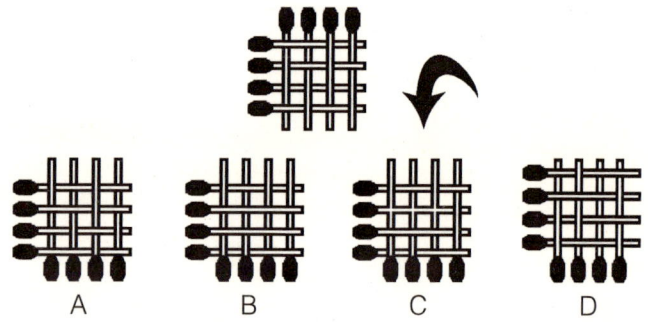

29. 加薪

在某办公室听见这样的谈话,甲说:"如果给我加薪的话,也会给乙加薪。"乙说:"如果给我加薪的话,也会给丙加薪。"丙说:"如果给我加薪的话,也会给丁加薪。"结果出来后发现,3个人的说法都是正确的,但甲、乙、丙、丁4个人中只有2个人加了薪,你知道加薪的是谁吗?

30. 美丽的正方体

有一个正方体的每一个面都有美丽的图案装饰着,下图是这个正方体拆开后的各面的图案构成,那么在下面的几个选项中,哪一个不是这个正方体的立体面?

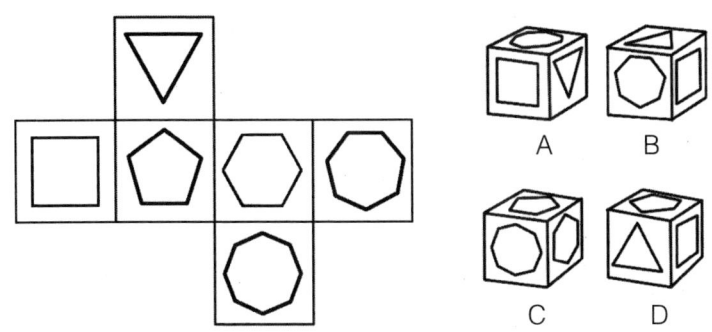

31. 看一看

一个正四面体是由4个等边三角形组成的立体图形,有点像金字塔。每一个面都可以被涂上与其他面不同的颜色。在下面5个选项中,有4项是同一四面体从不同顶点的俯视图,一项不是。你能找出是哪一项吗?

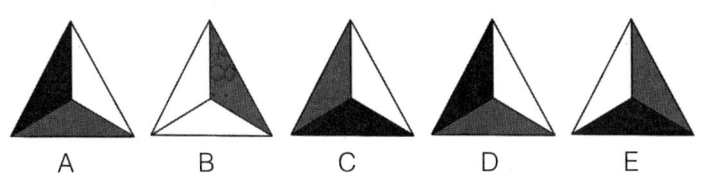

32. 一刀两断

下面的图中有4个圈，把其中的1个圈剪开，其他的3个圈就会全部分开，想一下，看看剪哪个圈，才会使其余的3个圈全部分开。

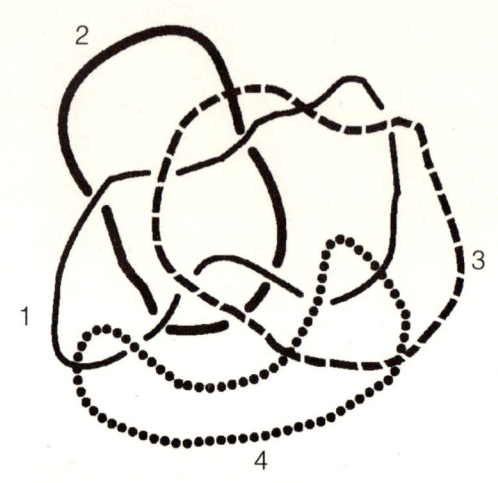

33. 残缺的纸杯

一个斜切的纸杯，其侧面展开图是什么样的呢？

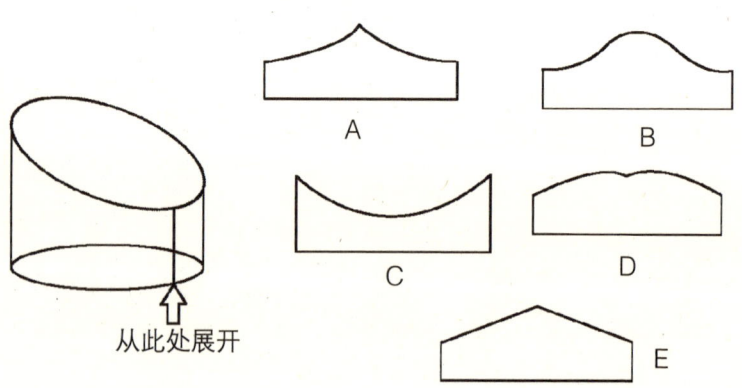

34. 补缺口

请你仔细观察积木的缺口形状（如图），在 A～F 的小木块中，哪一块正好能嵌入积木？

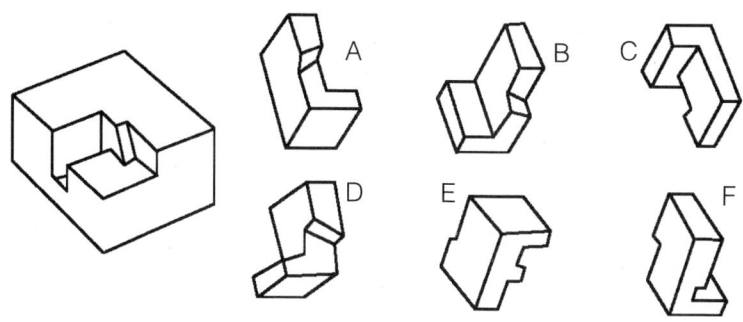

35. 国际象棋

下图中的米莉·赛克斯是谦逊主教国际象棋俱乐部的女服务员。她正在思考昨晚那个把所有人都难住的思维游戏——把皇后放在正方形棋盘上的一个角（如下图所示），你能否只走 4 步就可以使它经过棋盘左上角的全部 9 个方格呢？在你移动每一步棋时，你可以穿过任意多个方格，但是只能朝着一个方向移动。现在，试试看你能否在 5 分钟内把这个难题解答出来。

36. 在海滩上

3位母亲带着各自年幼的儿子在海滩上玩,从以下所给的线索中,你能准确地推断出这3位母亲的姓名、她们儿子的名字以及孩子所穿泳衣的颜色吗?

1. 丹尼斯不是蒂米的妈妈,蒂米穿红色泳衣。
2. 莎·卡索在海滩上玩得相当愉快。
3. 曼迪的儿子穿绿色泳衣。
4. 那个姓响的小男孩穿着橙色泳衣。

		姓			儿子			颜色		
		卡索	桑德斯	响	詹姆士	莎	蒂米	绿色	橙色	红色
妈妈	丹尼斯									
	曼迪									
	萨利									
颜色	绿色									
	橙色									
	红色									
儿子	詹姆士									
	莎									
	蒂米									

37. 移民

去年3个家庭从思托贝瑞远迁到了其他国家,现在他们在那里有声有色地经营着自己的小店。根据下面的信息,你能说出每对夫妻有几个孩子、他们移民到了哪里以及所做的是何种生意吗？

1. 有3个孩子的家庭移民到了澳大利亚，他们没有在那里开旅馆。

2. 移民到新西兰的布里格一家开的不是传统英国风味鱼片店。

3. 开鱼片店那家的孩子比希金夫妇的孩子少。

4. 基德拜夫妇有2个孩子，他们每人照看1个。

	1个	2个	3个	澳大利亚	加拿大	新西兰	鱼片店	农场	旅馆
布里格夫妇									
希金夫妇									
基德拜夫妇									
鱼片店									
农场									
旅馆									
澳大利亚									
加拿大									
新西兰									

38. 工作服

3位在高街区不同商店工作的女店员都需要穿工作服上班。从以下所给的线索中，你能推断出每个店员所在的商店名称、商店的类型以及她们工作服的颜色吗？

1. 艾米·贝尔在半岛商店工作，它不是一家面包店。

2. 埃德娜·福克斯每天都穿黄色的工作服上班。

3.斯蒂德商店的女店员都穿蓝色的工作服。
4.科拉·迪在一家药店工作。

	丰岛商店	梅森商店	斯蒂德商店	面包店	药店	零售店	蓝色	粉红色	黄色
艾米·贝尔									
科拉·迪									
埃德娜·福克斯									
蓝色						
粉红色						
黄色						
面包店			
药店			
零售店			

答案

1. B。

2. A。只有 A 具有左右对称性,其余 4 个字母都不具有这种对称性。

3. 10 和 16。

4. 1 号。

5. 脸谱 4 与众不同。其他脸谱都有 3 个是一模一样的,只有脸谱 4、6、11 大致一样,但脸谱 4 的嘴形略有不同。

6. 如图:

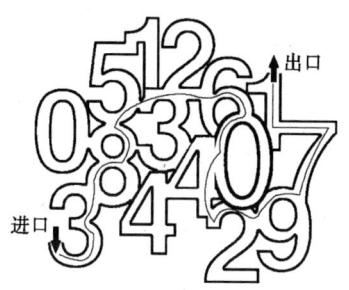

7. 黑鼠。

8. 12。

9. D。因为三角形的 3 条边长确定后,它的形状不易改变,而 D 是由 2 个三角形组成的。

10. 他写对的是 2 个人,那么他写错的也是 2 个人。3 种可能中,第一种和第三种是一样的,并且绝对是不可能发生的。

11. B 图的符号和其他符号不一样,因为它是浅灰色的,而其他是深灰色的。A 图的符号和其他的不一样,因为它是 1,而其他是 2。C 图的符号也不一样,因为它是正方形而其他符号是圆形。因此,D 图的符号才是真正不一样的,因为它没有"不一样"的地方。

12. 依据题目给出的条件,很快就可以分析出 A、B、C、E 都不是第一个,只有 D 是第一个到达的。由"E 在 D 之后",可以知道两人的顺序是:D、E。由"B 紧跟在 A 后面"得知两个人的顺序是:A、B。由"C 不是最后一个到达约会地点",可以得知这样的顺序:C、A、B。所以,总的先后顺序是 D、E、C、A、B。

13. E。其他的都是中心对称

图形。换句话说，如果它们旋转180°，将会出现一个完全相同的图形。

14.

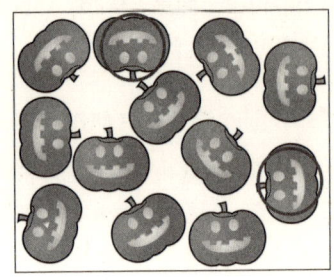

15. E。

16. D。在其他各项中，将直线两端的横木数量相乘，都得到偶数值，只有D项得到奇数值。

17. 甲可以正确地推导出自己头上所戴帽子的颜色。

18. 先走进有开关的房间，将三个开关编号为A、B和C。将开关A打开10分钟，然后关闭A；再打开B，然后马上走到有灯的房间，此房间内正在亮着的灯由开关B控制。用手去摸一摸另外两盏灯，发热的由开关A控制，凉的由开关C控制。

19. 6218，圆中其他数字都有与其对应的数字，例：7432与168（7×4×3×2=168）；6198与432；4378与672；9431与108。

20. 先将10个箱子编上序号，然后从第一箱取出1支，从第二箱取出2支，从第三箱取3支……从第十箱取出10支，一共55支笔。如果全是铱金笔，其总重量是5500克。因此，如果称出的结果比5500克少10克，就说明55支笔中只有1支是替代品，拿出1支的第一箱就是替代品；如果少20克，就有2支替代品，第二箱就是替代品……依此类推，最终便可以区分出哪一箱是替代品了。

21. 如图：

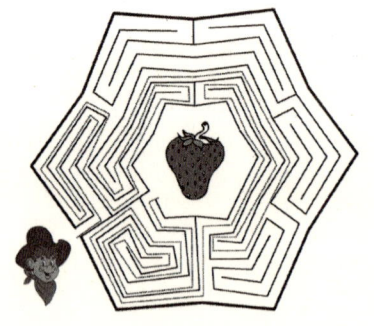

$22.$ C。

$23.$ 金盒子上的话和铜盒子上的话是矛盾的,所以两句话必有一真。又三句话中至多只有一句是真话,所以银盒子上的是假话。因此,画像在银盒子中。

$24.$ C。

$25.$ 因为亨利和西尔玛不可能同时是说谎人,这就是说杰弗里肯定在撒谎。由于亨利说他撒谎,所以亨利肯定在说实话。因为亨利说实话,所以西尔玛肯定也在撒谎。

$26.$ E。

$27.$ 只需要打开最下面的链子。上面的两根链子并没有连接在一起。

$28.$ D。

$29.$ 加薪的是丙和丁。

$30.$ A。

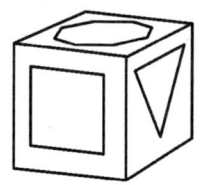

$31.$ E 不是。

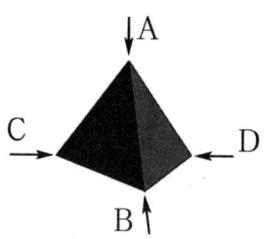

$32.$ 第三个。

$33.$ B。

$34.$ E。

$35.$ 要解决这个问题,你必须经过除了左上角的 9 个方格之外的方格,但是仍然不易解决。你要通过四步使"皇后"经过左上角的全部 9 个方格。在下次俱乐部会战时,你可以按照下图所示的步骤一展身手。

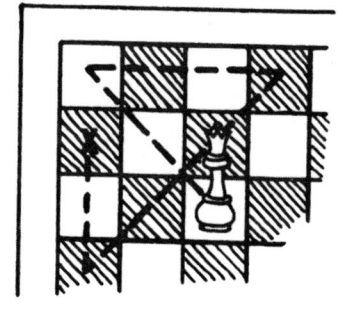

36.
莎的姓是卡索(线索2),蒂米穿红色的泳衣(1),因此,穿橙色泳衣姓响的小男孩肯定是詹姆士。通过排除法,莎的泳衣一定是绿色的,他的母亲是曼迪(线索4)。同样再次通过排除法,蒂米的姓是桑德斯,他的母亲不是丹尼斯(线索3),那么肯定是萨利,最后剩下丹尼斯是詹姆士的母亲。

答案:

丹尼斯·响,詹姆士,橙色。

曼迪·卡索,莎,绿色。

萨利·桑德斯,蒂米,红色。

37.
基德拜夫妇有2个孩子(线索4),因此不只有1个孩子的希金夫妇(线索3)一定有3个孩子,并且他们去了澳大利亚(线索1)。通过排除法,去新西兰的布里格夫妇只有一个孩子;排除法又可以得出基德拜夫妇去了加拿大。希金夫妇不是开旅馆(线索1)或鱼片店(线索3),因此他们经营的一定是农场。鱼片店不是由布里格夫妇经营的(线索2),那么一定是基德拜夫妇经营的,布里格夫妇所做的生意是开旅馆。

答案:

布里格夫妇,1个,新西兰,旅馆。

希金夫妇,3个,澳大利亚,农场。

基德拜夫妇,2个,加拿大,鱼片店。

38.
科拉·迪在药店工作(线索4),而艾米·贝尔不在面包店工作(线索1),所以她肯定在零售店工作,而埃德娜·福克斯则在面包店工作。艾米·贝尔在半岛商店工作(线索1),斯蒂德商店店员穿蓝色工作服(线索2),因此,穿黄色工作服的埃德娜,肯定在梅森商店工作。通过排除法,艾米的工作服肯定是粉红色的,而在斯蒂德商店工作的一定是科拉,她穿蓝色的工作服。

答案:

艾米·贝尔,半岛商店,零售店,粉红色。

科拉·迪,斯蒂德商店,药店,蓝色。

埃德娜·福克斯,梅森商店,面包店,黄色。

第 2 章
递推法

1. 图形组合

仔细观察下面 4 幅图形,依据图形规律,选出适合的第五幅图形。

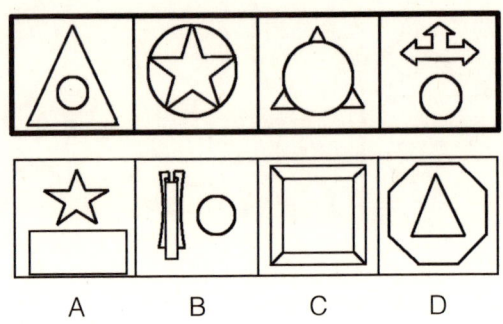

2. 图形四等分

将右图分为大小和形状均相同的四等份。

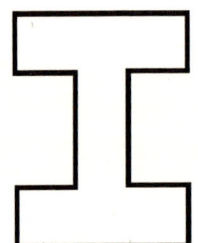

3. 哪个不相关

下面哪个图与其他的图不相关?

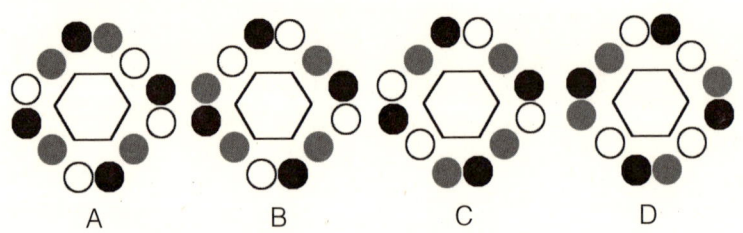

4. 填数字

根据规律,填数字完成下列谜题。

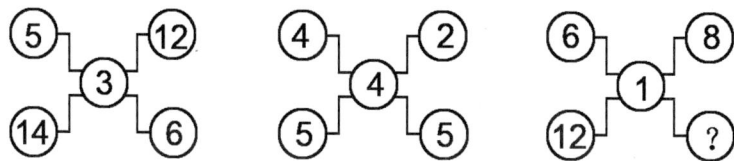

5. 黑色还是白色

依照右图的逻辑,说说 Z 应该是黑色还是白色?

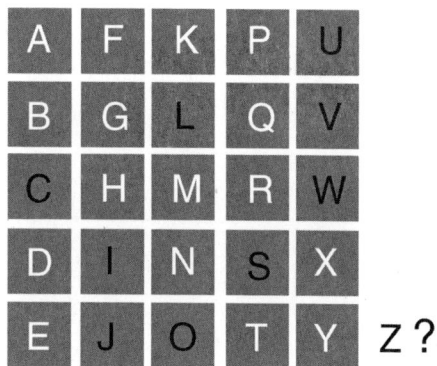

6. 缺少的时针

表盘中缺少的时针应指向哪儿?

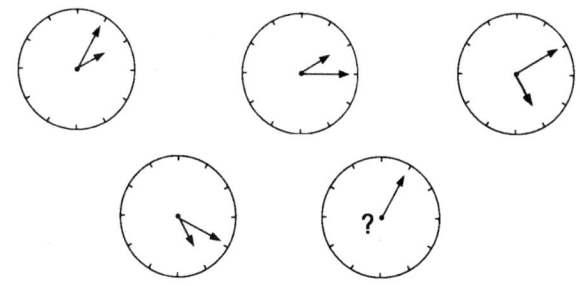

7. 类同变化

从 A 到 B 的变化，类同于从 C 到哪一项的变化？

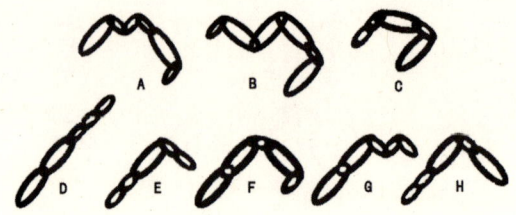

8. 回忆填图

仔细观察第一组图，然后将图遮住，根据记忆选出第二组图中缺失的图形。

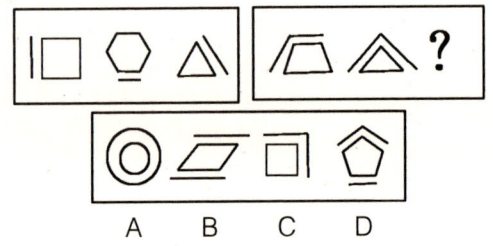

9. 规律推图

仔细观察右面 4 幅图形，从 A，B，C，D 4 个选项中选出规律相同的第五幅图形。

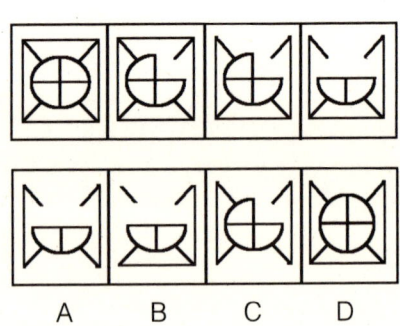

10. 图形选择

观察第一组图形，依据规律选出第二组图形中缺少的图形。

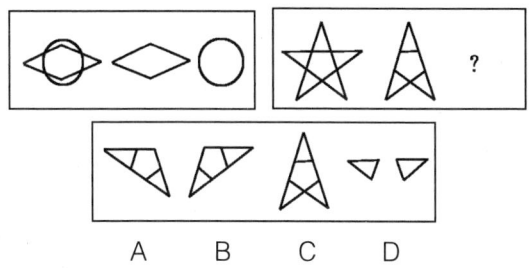

11. 组合转换

观察图形，找出变化规律，选出转换后的图形。

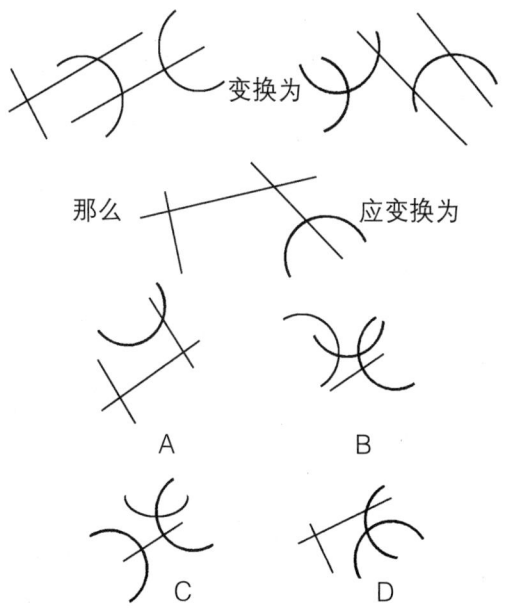

12. 填数字

猜猜看，问号处应该填上什么数字？

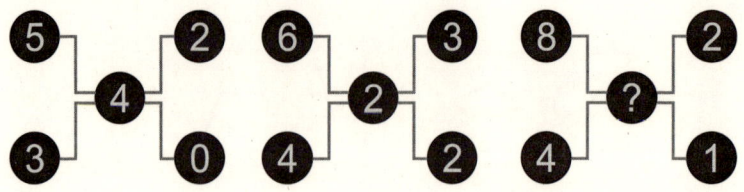

13. 理发师

法国的一个小镇有两个理发师，亨利和皮埃尔。亨利很注重外表，他的理发店总是很整洁，而皮埃尔的发型却总是很难看而且也该刮脸了。亨利经常说他宁愿为两个德国人理发也不愿意给一个美国人理发。你知道这是为什么吗？如果你拜访那个小镇，你会去哪一家理发店理发呢？

14. 天平配平

前两组天平是平衡的。为了使第三个天平也平衡，应当再加上什么图案呢？

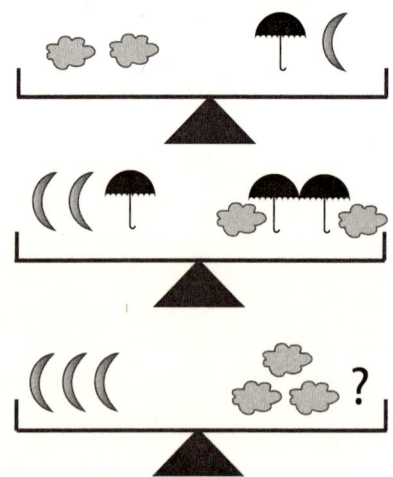

15. 有趣的脸谱

A，B，C 3个选项中，哪个可以接续下图序列?

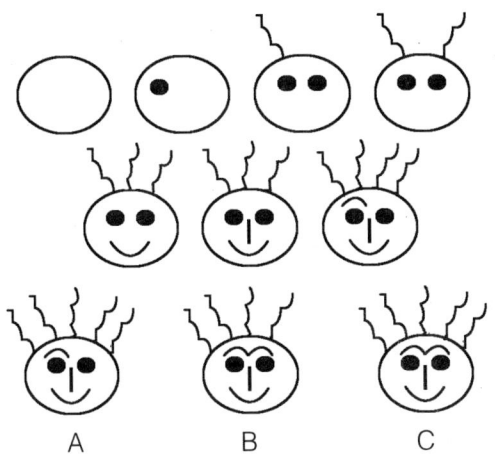

16. 查缺补漏

你能找出图中的规律，并把缺掉的部分补上吗?

17. 兄弟姐妹

迈克夫妇有7个子女,老大至老七分别为甲、乙、丙、丁、戊、己、庚。目前我们知道7个人的如下情况:1.甲有3个妹妹;2.乙有一个哥哥;3.丙是女的,她有两个妹妹;4.丁有两个弟弟;5.戊有两个姐姐;6.己也是女的,但她和庚没有妹妹。根据这些条件,你能推算出谁是男性,谁是女性吗?

18. 哪三人是一家

有三户人家,每家有一个孩子,他们的名字是:小平(女)、小凤(女)、小虎。孩子的爸爸是老赵、老钱和老孙;妈妈是张玉、李玲和王芳。说起这三家人,邻居风趣地说:1.老赵家和李玲的孩子都参加了少年女子游泳队;2.老钱的女儿不是小凤;3.老孙和王芳不是一家。请问:哪三个人是一家?

19. 数字代码

题目中的问号可以用什么数字代替?

7628	5126	3020
9387	6243	1088
8553	2254	?

20. 顺序

用天平称 4 个小球,当天平一边放上甲、乙,另一边放上丙、丁时,两边相等;当将乙和丁互换位置后,甲和丁高于乙和丙;当天平一边放上甲、丙,另一边刚放上乙,天平就压到了乙的一边。这 4 个小球重量的顺序是什么?

21. 推测符号

如图所示,将〇、△、× 符号填入 25 个空格中,每格一个。问号处格应该是什么符号?

〇	×	△	〇	〇
△	×	△	×	×
×	〇	〇	△	△
〇	△	×	〇	〇
?	×	〇	△	×

22. 数字巧妙推

充分发挥你的想象力,推算出下一行的数字是什么?

1
11
21
121
111221
312211
13112221
1113213211

23. 数字矩阵

观察这个矩阵。你能填上未给出的数字吗?

1	1	1	1
1	3	5	7
1	5	13	25
1	7	25	?

24. 补充表格

仔细看表格,然后说出表格中的问号该填什么数?

2	9	6	24
6	7	5	47
5	6	3	33
3	7	5	?

25. 猜出新号码

迈克又换了新号码,迈克发现,有3个特点使新的电话号码很好记:首先,原来的号码和新换的号码都是4个数字;其次,新号码正好是原来号码的4倍;再次,原来的号码从后面倒着写正好是新的号码。所以,他不费劲就会记住新号码,新号码究竟是多少?

26. 古柏树的年龄

有株古柏树,树上挂着一块牌子,牌子上写着:"要问我今年多少岁,100比我小,1000比我大,从左往右每位数字增加2,各位数字之和是21。"那么你知道它几岁吗?

27. 图形转换

依据第一组图形的转换规律,请判断所给出的图形对应转换后应该是哪一项。

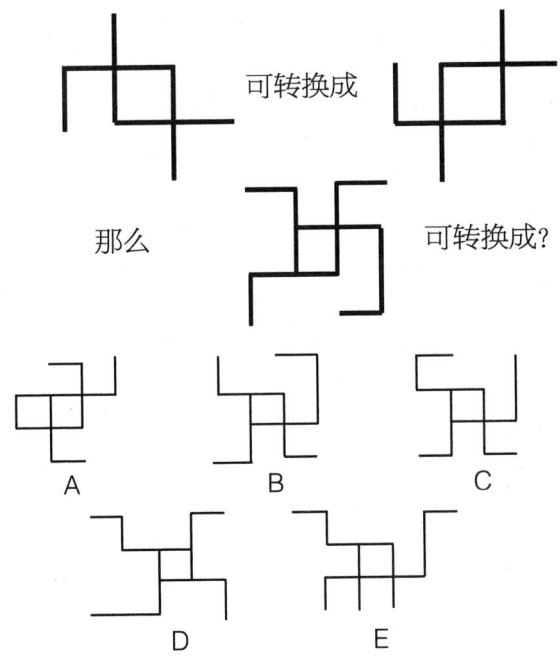

28. 寻找骨牌

一副标准形式的骨牌已经展开，为了清楚起见，它使用数字而非点数来表示。你能用你尖锐的笔尖和灵活的脑瓜，把每个骨牌都找出来吗？你会发现下面这些格子对你非常有帮助。

2	0	6	6	3	6	2	1
1	0	6	3	4	3	3	6
5	1	1	1	3	6	0	0
1	2	5	2	2	5	5	1
2	0	5	2	5	4	5	4
4	6	6	4	0	1	0	4
0	3	3	3	5	2	4	4

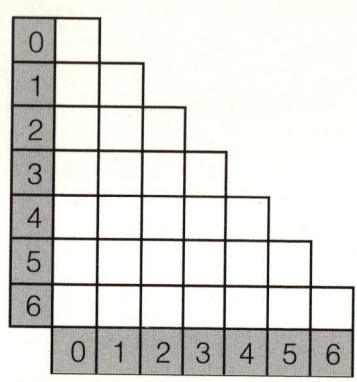

29. 补充图案

仔细观察下面的图形，选择合适的答案将空白补上。

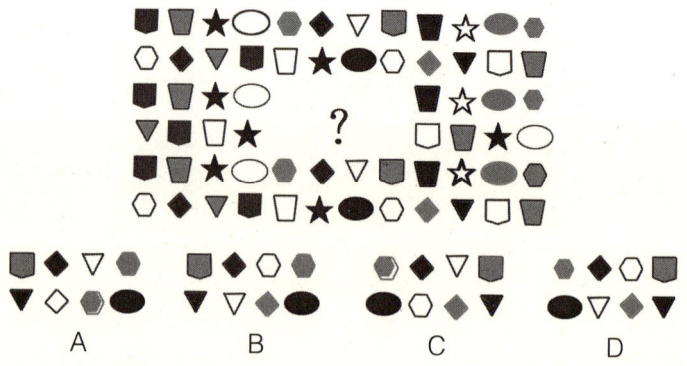

30. 拼凑瓷砖

问号处应是 A，B，C，D 中的哪一块瓷砖？

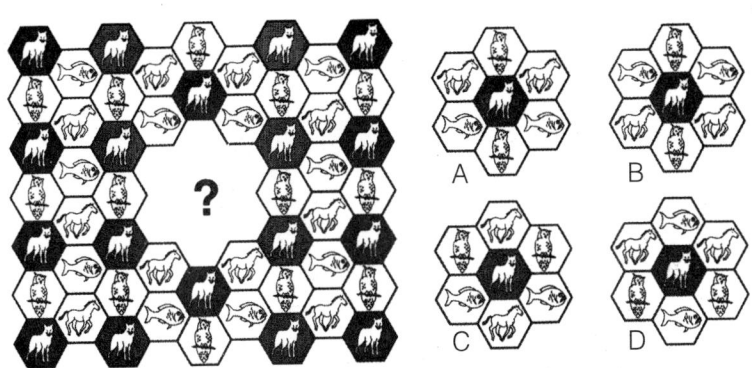

31. 猜数字

很久以前，有个先生叫霍华德·迪斯丁，他是一个乐器制作商。图中的他正在击鼓召唤大家来参加一个数字竞赛。在今年的乐器集会上，为了增加大家的兴趣，他把题印在了鼓膜上。那么，你知道数字串里的下一个数字是什么吗？

77, 49, 36, 18, ?

接下来的数字是什么呢？

32. 搬运雪块

这 2 个人以同样的速度搬运同样大小的雪块,逻辑上来说,谁会第一个完成呢?

33. 对应

哪个选项和图中 D1 相对应?

	A	B	C	D	
	A A B	A B C	D D D	D C A	1
	B A D	A A A	C C D	B B B	2
	B C C	B B A	B C C	A B D	3
	C D D	A C D	D C B	B B C	4

A3	B2
A	B

D4	C2
C	D

B4	A1
E	F

34. 仓库被盗

甲、乙、丙、丁4人是仓库的保管员。一天仓库被盗，经过侦查，最后发现这4个保管员都有作案的嫌疑。又经过核实，发现是4人中的两个人作的案。在盗窃案发生的那段时间，找到的可靠的线索有：1.甲、乙两个中有且只有一个人去过仓库；2.乙和丁不会同时去仓库；3.丙若去仓库，丁必一同去；4.丁若没去仓库，则甲也没去。那么，你可以判断是哪两个人作的案吗？

35. 有钱人

可怜的父亲在一个灾荒之年面临断炊了，所以不得不求助于5个都已成家立业的儿子。他不知道哪个儿子有钱，但他知道，兄弟之间彼此知道底细，且有钱的说的都是假话，没钱的才说真话。老大说："老三说过，我的四个兄弟中，只有一个有钱。"老二说："老五说过，我的四个兄弟中，有两个有钱。"老三说："老四说过，我们兄弟五个都没钱。"老四说："老大和老二都有钱。"老五说："老三有钱，另外老大承认过他有钱。"几个儿子中谁有钱？你知道吗？

36. 家庭比赛

某社区举行家庭智力比赛，决赛前一共要进行4项比赛，每项比赛各家出一名成员参赛。第一项参赛的是吴、孙、赵、李、王；第二项参赛的是郑、孙、吴、李、周；第三项参赛的是赵、张、吴、钱、郑；第四项参赛的是周、吴、孙、张、王。另外，刘某因故4项均未参加。请问，谁和谁是同一个家庭？

37. 乐极生悲

A，B，C和D 4个人是中学同学，一次不期而遇，决定一起吃饭，当他们坐在一张正方形桌子边喝酒时，D突然中毒身亡。对于警探的讯问，每人各做了如下的供词。

A：我坐在B的旁边。不是B就是C坐在我的右侧，这个人不可能毒死D。

B：我坐在C的旁边。不是A就是C坐在D的右侧，这个人不可能毒死D。

C：我坐在D的对面。如果我们当中只有一个人撒谎，那人就是毒死D的凶手。

警探在和酒吧的侍者交谈之后，证实他们中只有一个人撒谎，也确实只有一个人毒死了D。请问：到底是谁毒死了D？

38. 挑选人员

要从代号为A，B，C，D，E，F 6个侦查员中挑选若干人去破案，人选的配备要求必须注意下列各点：1.A和B两人中至少去一人；2.A和D不能一起去；3.A，E，F这3个人中要派两人去；4.B和C两人都去或都不去；5.C和D两人中去一人；6.若D不去，则E也不去。那么，你知道都有谁去了吗？

39. 添上一条线

如果在 A，B，C，D，E 各图中某处添上一条线（任何形状的线皆可，但线条不能重叠），哪幅图案能够变成图1所示的形态？

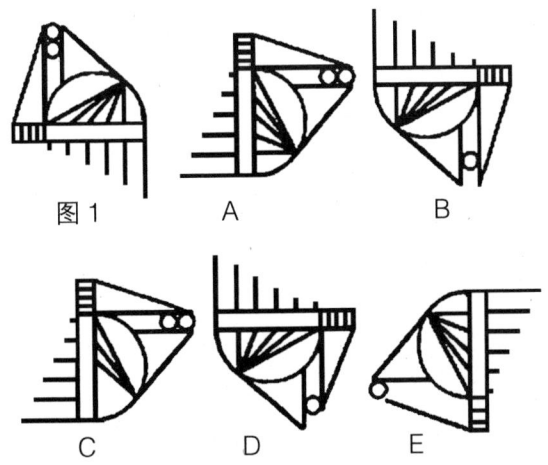

图1　　　A　　　B

C　　　D　　　E

40. 中国盒

用4个盒子一盒套一盒做成1个中国盒。里面的3个盒子里各放4块糖，外面的大盒子里放9块糖。把这个盒子作为生日礼物送给你的朋友，并且告诉他（她）必须使每个盒子里的糖果变成偶数对再加1颗之后才可以吃糖。你知道答案吗？

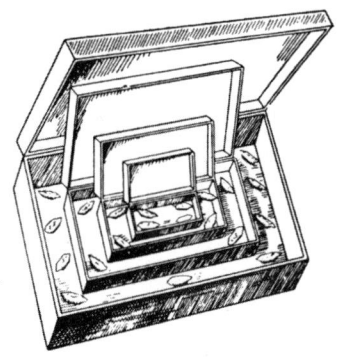

41. 大采购

4个同学一起去商场，他们每个人买了一样东西，分别是：一个随身听，一双鞋，一条裤子，一件上衣。这4件商品正好是在一个商场的4层中分别购买的。已经知道：甲去了一楼；随身听在4层出售；乙买了一双鞋；丙在2层购物；甲没有买上衣。那么，你能判断他们分别在几楼买了什么东西吗？

42. 大嘴鲈鱼

大嘴鲈鱼只在有鲦鱼出现的河中长有浮藻的水域里生活。漠亚河中没有大嘴鲈鱼。从上述断定能得出以下哪项结论？

1. 鲦鱼只在长有浮藻的河中才能发现。
2. 漠亚河中既没有浮藻，又发现不了鲦鱼。
3. 如果在漠亚河中发现了鲦鱼，则其中肯定不会有浮藻。

A. 只有1　B. 只有2

C. 只有3　D. 只有1和2

E. 1，2，3都不是

43. 公安局局长

有个公安局长在公园与人下棋。这时，跑来一个孩子，着急地说："你爸爸和我爸爸吵起来了。"这时，旁人问这个公安局局长："这是你的什么人？"公安局局长回答说："是我的儿子。"

请问吵架的两个人与这个公安局局长分别是什么关系？

答案

1. B。

2. 如图：

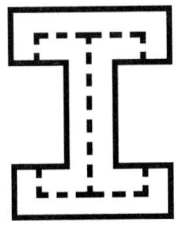

3. D。B、C 图形为图形 A 每次逆时针旋转 90° 所得。

4. 3。每个图形上面 3 个数字之和与下面两个数字之和相等。

5. Z 应该是黑色。因为所有的黑色字母都能一笔写完，白色的字母就不能。

6. 指向 10。从左上方开始，沿顺时针方向进行，每个钟上时针与分针所指向的数字之和从 3 开始，每次加 2。

7. F。大的部分变小，小的部分变大。

8. C。

9. B。

10. D。

11. B。图中的直线在同一位置变成了曲线，曲线变成直线。

12. 4。在每个图形中，左边 2 个数字的和除以右边 2 个数字的和，就得到中间的数字。

13. 亨利愿意为两个德国人理发，因为给两个人理发比给一个人理发多赚一倍的钱！由于亨利注重外表并且小镇上只有两个理发师，他只能让皮埃尔为自己理发。而皮埃尔也需要理发，他只能找亨利，但是，亨利总是太忙而无法为他理发。所以，如果你拜访这个小镇，就只能让皮埃尔为你理发了。

14. 1 朵云。数值分别为：云 =3，伞 =2，月亮 =4。

15. A。先在脸上添画一种元素，再加画一根头发、脸上添画一种元素，接着加画一根头发，然后加画一根头发、脸上添画一种元素。此

后，按照这个顺序添加。

16. 每一行中的黑楔形都可以构成一个完整的正方形。

17. 甲、乙、戊、庚为男性；丁、丙、己为女性。

18. 从1和2就知道李玲、老钱和小平是一家人。从3知道，王芳和老赵是一家，从1知道他家有1个女儿，并且一定是小凤。最后，还有3个人张玉、老孙和小虎，自然是一家人。

19. 0108。前一个数字中的外面两位数相乘，乘积就是下一个数字中的外面两位数。前一个数字中里面的两位数相乘，乘积就是下一个数字中的中间两位数。

20. 按题干条件：(1) 甲+乙=丙+丁；(2) 甲+丁>乙+丙（隐含：丁>乙, 甲>丙）；(3) 乙>甲、丙。按此排序：丁>乙>甲>丙。

21. 填△。其排列规则是从中心向外，按照○、△、×的次序旋转着填充。

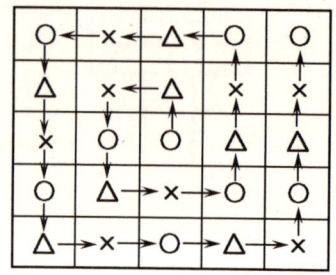

22. 每一行数字就是对其上面一行数字的描述。最下一行应该是31131211131221。

23. 每个数字是它所在小正方形其他个数字之和，根据这条规则，未给出的数字是63。

24. 26。第一列数乘以第二列数，再加上第三列的数，等于第四列的数。

25. 设旧号码是ABCD，那么新号码是DCBA，已知新号码是旧号码的4倍，所以A必须是个不大于2的偶数，即A等于2。4×D的个位

数若要为2，D只能是3或8，只要满足：4×（1000×A+100×B+10×C+D）=1000×D+100×C+10×B+A 经计算可得：D是8，C是7，B是1，所以新号码是8712。

26. 从已知条件看，古柏树的年龄比100大比1000小，它一定是个三位数。又知个、十、百三位上的数字之和是21，而且个位上的数字比十位上数字多2，十位上的数字比百位上数字多2，则个位上的数字比百位上的数字多4，因此百位上的数字是 [21-（2+4）]÷3 = 5，十位上的数字为5+2 = 7，个位上的数字为7+2 = 9，所以古柏树的年龄是579岁。

27. B。

28.

2	0	6	6	3	6	2	1
1	0	6	3	4	3	3	6
5	1	1	1	3	6	0	0
1	2	5	2	2	5	5	1
1	2	0	5	2	5	4	4
4	6	6	4	0	1	0	4
0	3	3	3	5	2	4	4

29. C，每行的图形不论颜色如何都是顺序重复着的。

30. B。

31. 8。前一个数各位上的乘积是第二个数。7×7=49，4×9=36。3×6=18，1×8=8。

32. 通过观察两个人放置的雪块，我们发现每个雪屋都还需要6块。比赛者保持同样的频率的话，A会首先完成，因为，每次他拿回1块雪块的时候，B都是空着手去搬，所以B会落后搬1块的时间。

33. E。

34. 甲和丁。

35. 老大、老四和老五有钱，说假话；老二和老三没钱，说真话。

36. 吴某参赛四次，刘某因故没有参赛，可以知道吴与刘是同一个家庭，孙和钱是一家人；赵和周是一家人；李和张是一家人；王和郑是一家人。

37. 经过推断，他们4人正确的坐

法如下图所示，是C把D毒死了。

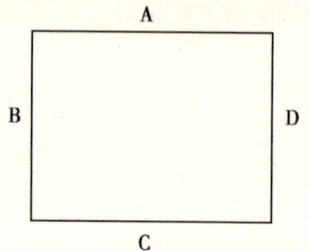

38. 挑了A，B，C，F4个人去。

39. B。只要再加一个小圆就可以和左图相同。A完全与图相同，其他几个相差太大。

40. 从外面的大盒子里拿出1块糖，放到里面最小的盒子里就可以了。这样，最小的盒子里就有了5块糖（两对加1块）。将这5块糖算进第二个小盒子的糖果数目中，第二个小盒子中的糖果数现在是5+4=9块（4对加1块）。第三个小盒子中现在有了9+4=13块糖果（6对加1块）。最外面的大盒子中有13+8=21块（10对加1块）。

41. 甲在一楼买了一条裤子，乙在三楼买了一双鞋；丙在二楼买了一件上衣；丁在四楼买了一个随身听。

42. E。

43. 吵架的两个人分别是公安局局长的父亲和丈夫。

第 3 章

倒推法

1. 移动三角

用 18 根火柴组成了下面这幅图形，其中共包括 8 个三角形。现在如果移走其中的 2 根火柴，可以使三角形的数量减为 6 个；移动其中的 2 根火柴也可以使图中的三角形变成 6 个。想想看，都该怎么移？

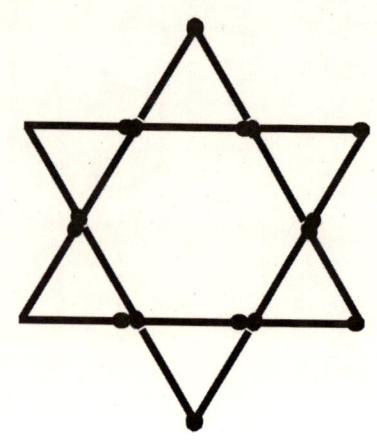

2. 灯笼 "101"

为庆祝 10 月 1 日国庆节，东东、南南、西西 3 人动脑筋，把板灯锯成 4 块，分为 3 盏灯笼，3 盏灯笼合起来还能成 "101"。怎样分？

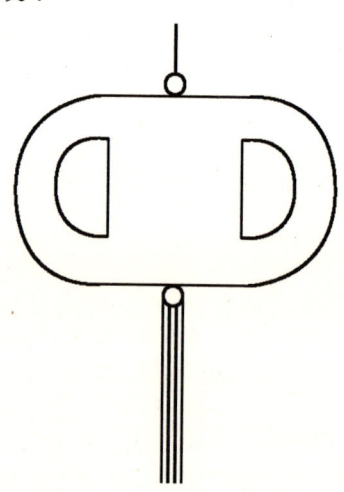

3. 奇怪的家庭

一个家庭有5个孩子,其中一半是女孩,这是怎么回事?

4. 不变的星星

有7颗星星,现在拿走4颗,然后又想加进3颗,凑成7颗,究竟要怎么样做才好呢?

5. 巧挪硬币

把8枚硬币排放在桌子上,横的5枚,竖的4枚,如图所示。如果只允许移动1枚,怎样才能使横着和竖着的都是5枚?

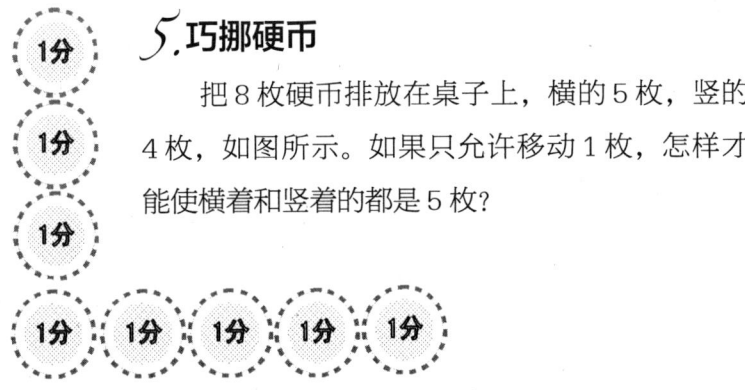

6. 几只鸟

3棵树上共停了36只鸟,如果从第一棵树上飞6只到第二棵树上,然后从第二棵树上飞4只鸟到第三棵树上,那么3棵树上的鸟数相等。请问:原来每棵树上停了多少只鸟?

7. 多少人

在公园里,有一群学生正围坐在一个圆桌旁准备就餐。

从学生甲开始,按逆时针方向数,数到学生乙为第七个,学生甲与学生乙又正好面对面。这群学生一共有多少人?

8. 给蠢货让路

一次,德国著名文学家歌德在公园里散步,在一条仅能让一个人通行的小路上和一位批评家相遇了。"我从来不给蠢货让路。"批评家说。"____。"歌德说完,笑着退到了路边。

请问,歌德是怎样回敬这位批评家的?

9. 上下颠倒

由 10 个硬币排成一个三角形,你能否只移动其中的 3 个,就让三角形上下颠倒呢?

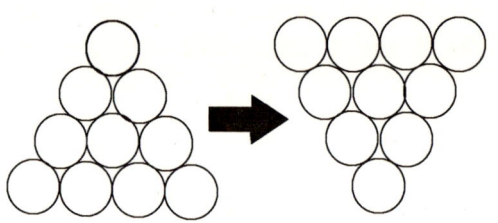

10. 多了一把伞

火柴棒排成一把伞的形状(如图所示)。在只能移动 4 根火柴棒的情况下,要使这一把伞变成两把,该怎么做?

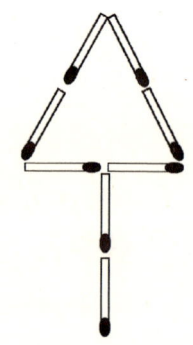

11. 小舟变形

移动4根火柴,把这只小舟变成3个梯形。

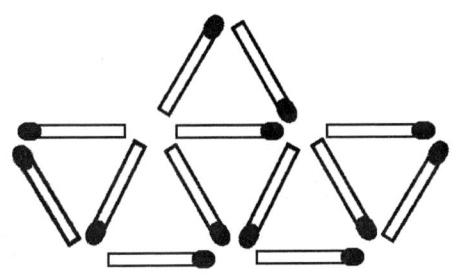

12. 猫捉老鼠

如果3只猫在3分钟内捉住了3只老鼠,那么请问,多少只猫将在100分钟内捉住100只老鼠?

13. 火柴搬家

有3堆火柴共48根,现从第一堆里拿出与第二堆根数相同的火柴并入第二堆里;再从第二堆里拿出与第三堆根数相同的火柴并入第三堆里;最后,再从第三堆里拿出与这时第一堆根数相同的火柴并入第一堆里。经过这样的变动后,3堆火柴的根数恰好完全相同。问原来每堆火柴各有几根?

14. 他们是双胞胎吗

有2个男孩上了同一所学校:他们的相貌一模一样,出生年月日及父母亲的名字也相同。但当人们问他们是否是双胞胎时,他们回答说:"不是。"这是怎么回事?

15. 谁更有利

一场真枪实弹的决斗。首先在可以放 6 颗子弹的左轮手枪弹匣中,放进一颗子弹,放在哪个位置则不得而知,然后两个人开始轮流朝自己的头开枪。6 次射击的其中一次,实弹会被发射出来,而玩家就性命不保了。请问:在这个游戏中是先开枪的人有利,还是后开枪的人有利?

16. 正常国与反常国

阿凡提出去旅行来到一个奇怪的地方,这个地方有两个国家,一个是正常国,一个是反常国。正常国没有什么,反常国却大不相同,他们只用点头或摇头来回答,而且外地人要问他们一件事必须给钱。阿凡提很想知道自己所在是何国?他怎样才能提一个问题便判断出这是何国呢?

请问,你能想到阿凡提是怎样来判断的吗?

17. 分糖果

3 个小男孩一共有 770 颗糖果,他们打算如往常那样,根据他们年龄的大小按比例进行分配。以往,当老二拿 4 颗糖果时,老大拿 3 颗;而每当老二得到 6 颗时,老三可以拿 7 颗。你知道每个男孩可以分到多少颗糖果吗?

18. 黑白棋子

黑、白两种棋子堆成一堆，黑棋子是白棋子的2倍。现从这堆棋子中每次取黑棋子4个、白棋子3个，若干次后，白棋子取尽，而黑棋子还有16个。黑棋子、白棋子各有多少个？

19. 迷路

9个冒险者在沙漠中迷了路。早晨起来一看，所带的饮用水只够喝5天了。次日，他们发现了一些足印，知道还有一些人也在沙漠中，于是寻踪追去。追上以后，发现他们已经没有水喝了，两批人合用这些水，只够喝3天。你知道第二批人共有几个人吗？

20. 交换

妻子交给丈夫100元钱的话，两人手里有同样多的钱，丈夫交给妻子100元钱的话，妻子拥有的钱是丈夫的2倍，请问，他们原来各有多少钱？

21. 跳台阶

甲乙在玩跳台阶的游戏，甲每一步跳2个台阶，最后剩下1个台阶；乙每一步跳3个台阶，最后剩下2个台阶。甲计算了一下，如果每步跳6个台阶，最后剩5个台阶；如果每步跳 7 个台阶时，正好一个不剩。你知道台阶到底有多少个吗？

22. 百羊趣题

甲赶了一群羊在草地上走，乙牵了 1 只肥羊紧跟在甲的后面。乙问甲："你这群羊有 100 只吗？"甲说："如果再有这么一群，再加上半群，又加上 1/4 群，再把你的 1 只凑进来，才满 100 只。"甲原来赶的羊一共有多少只？

23. 字母散步

从某个字母向左走 2 步，再向右走 3 步，再向左走 2 步，再向右走 3 步，正好停在字母 E 上。这个字母是什么？

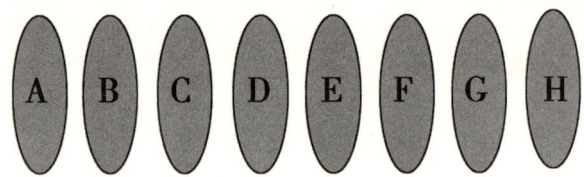

24. 一句话答全

一位善辩的哲学家来到某市，他问道："你们这里学识最渊博的人是哪位？"人们告诉他："是艾丁。"于是，他去访问艾丁："艾丁阁下，我有 40 个问题，你能否用一句话给我回答全？"艾丁不假思索地对他说："让我瞧瞧你的那些问题。"于是，这位哲学家一一提出了他的 40 个问题。这些问题上至天文，下至地理，包罗万象，无奇不有。当哲学家把40个问题说完以后，就催着艾丁赶快用一句话回答。艾丁笑了笑，轻轻地说了一句，这句话的确答全了40个问题。你知道艾丁说的是一句什么话吗？

25. 真实的谎言

有一次，马克·吐温与一位夫人对坐聊天。马克·吐温对这位夫人说："你真漂亮。"夫人高傲地回答："可惜我实在无法同样地称赞你。"对于夫人的傲慢无礼，马克·吐温毫不介意地笑笑说："没关系，____。"

马克·吐温用一句话就委婉地否定了自己刚才的话。你知道他是怎么说的吗？

26. 书

你可以用这个思维游戏为难你的朋友们。把一根绳子在一本厚重的书（1000～1500克）上系一圈，然后将绳子的一端固定在门把手上，并使书悬挂在距地面30厘米的地方。你抓住书下面的绳子，然后对你的朋友们说，你可以随意把书上面或者下面的绳子拽断。这时，他们一定

会大吃一惊的。那么，你知道这个神奇的变戏法是如何实现的吗？

27. 吹泡泡

爷爷以前经常说他年轻时最快乐的一件事就是参加吹泡泡派对。派对上，每个人都发一个管，谁吹的泡泡最大或者谁一次吹出来的泡泡最多谁就可以获得奖品。当我问爷爷一次最多吹出来多少个泡泡时，他是这么回答的：

"我要把这个数字放在一个思维游戏里，年轻人！"

"如果在那个数字的基础上加上那个数，然后再加上那个数的一半，接着再加上 7，我就吹出来 32 个泡泡。"

那么，你能否根据他所说的提示计算出他究竟一次吹出来多少个泡泡吗？

28. 风铃

这个风铃重 144 克（假设绳子和棒子的重量为 0）。

你能计算出每个装饰物的重量吗？

29. 无赖和愚蠢

一次,谢里登访友归来时,在伦敦街上迎面碰上了两个皇家公爵,这两个人平时总爱讽刺这位作家出身的议员。他俩假装很亲热地与谢里登打招呼,其中一个拍拍他的肩膀说:"嗨,谢里登,我们正在讨论你这个人是更无赖些还是更愚蠢些呢。""哦,这样啊。"谢里登立即抓住他们两人,说道,"＿＿。"

谢里登的反击巧妙而又辛辣,使这两位公爵无地自容。你知道他是怎么说的吗?

30. 衣服的数量

某大学宿舍有4名女生,她们分别是庆庆、元元、英英和新新,在她们4个人当中,新新的衣服比英英的衣服多;庆庆的衣服和元元的衣服数量加在一起,英英的衣服和新新的衣服数量加在一起,恰好是一样多;元元和英英的衣服加在一起比庆庆和新新的衣服加在一起要多,那么,你能判断出谁的衣服最多吗?谁的是第二多?

31. 善良的老奶奶

刘奶奶每天上午要去菜市场买菜,她总是在口袋中放一些硬币,在路上如果遇到了乞丐就会施舍给他们。这天,她遇到第一个乞丐时,把身上的一半硬币又加上1枚硬币给了他;当遇到第二个乞丐时,她把身上剩下的硬币的一半外加2枚硬币给了他;当遇到第三个乞丐时,她把身上剩下硬币的一半再加上3枚硬币给了她。这时,王奶奶的口袋中只剩下1枚硬币了。你知道刘奶奶刚开始口袋中有多少硬币吗?

32. 糖块儿

这个有关糖的思维游戏会让你的朋友遇到一些小麻烦。在桌子上放6块糖以及3个茶杯。做游戏者需要做的是将这6块糖按下面的方式放入茶杯中:每个茶杯内的糖块儿必须是奇数,而且这6块糖都必须用上,但是不能有任何损坏。

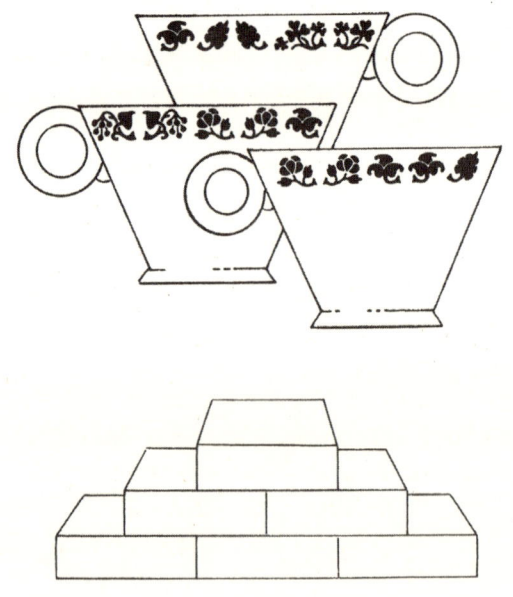

33. 纸牌

在很多年以前的棒球联赛赛场上,有这样一个做法,选手在参加完每场比赛之后都会得到报酬。在一场棒球比赛中,马尔文、哈维、布鲁斯以及罗洛要分享233元。比赛结束了,马尔文分得的钱比哈维多20元,比布鲁斯多53元,比罗洛多71元。请问这4名选手分别获得多少钱?

马尔文　　哈维

布鲁斯　　罗洛

34. 葡萄酒

这个思维游戏为老巴克斯所独创。你若想参加他的派对,你就必须计算出这两个酒桶中各有多少酒。这两个酒桶分别贴有字母 A 和 B,而 A 桶的酒比 B 桶的酒多。

首先,将 A 桶中的酒倒入 B 桶,倒入的酒量与 B 桶的酒相等。然后,将 B 桶中的酒倒回 A 桶,倒入的酒与 A 桶中现有的酒相等。最后,再将 A 桶中的酒倒回 B 桶,倒入的酒与 B 桶中现有的酒相等。

这个时候,两个桶内都有 48 升的葡萄酒。那么,两个酒桶原来各有多少葡萄酒呢?

35.硬币计数器

右下图是安装在一个银行的克赖顿硬币计数器。特莱梅尼先生正在用一袋子硬币检测它,这个袋子里装了 50 枚硬币,且面值分别为 1 元,5 角,1 角,5 分。经计算后,这些硬币总共为 20 元。那么,袋子里每种硬币各有多少枚呢?

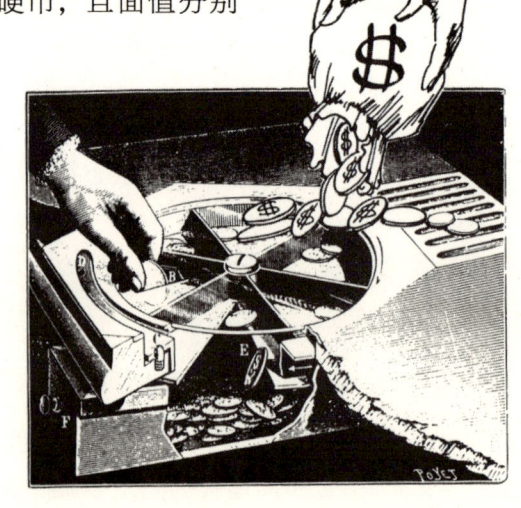

36. 磨坊

对于安格斯的讨价还价,你不能怪他。然而,他的确遇到了麻烦。如果在伊恩扣除10%之后要正好带回100千克的玉米面,他应该带来多少玉米呢?

注:假设磨面的过程当中没有浪费。

"伊恩,如果把我带来玉米的5%作为你磨面的报酬,你觉得怎么样呢?"

"你是不是疯了,安格斯?我要的是你所带玉米的10%,这你应该很清楚!"

37. 矩形

这是一个伟大的"陷阱"思维游戏。在桌子上放4个矩形硬纸板,然后请几个朋友来重新将它们排列,使它们拼成一个完整的正方形,右图的数字表明了各自的尺寸数。当他们屡次失败后,你再得意地告诉他们你可以向他们展示这个过程。当然,你在看答案部分之前,要先自己尝试一下。

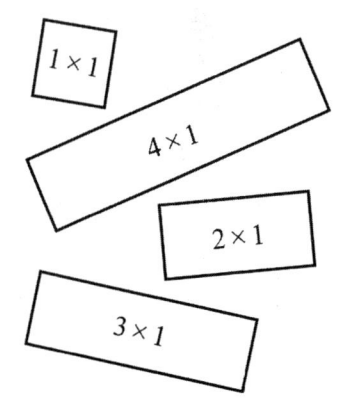

38. 剧场

故事发生在1905年著名的斯芬克司魔术剧场，当时它正在迎接热情的观众。这个剧场有100个座位，第一天剧场卖出了所有门票，并赚了整整100元。票价为：男士每位5元，女士每位2元，儿童每位1角。那么，你能否根据这些信息计算出参加首演的男士、女士以及儿童各有多少人吗？

39. 盛汤的碗

埃德娜阿姨总是在家存放大笔钱以备急用。仅有的问题就是她从来不相信纸币，所以她存放的都是硬币。同时，她把自己的存款藏在窃贼最不可能想到的地方——盛汤的碗里。当她数钱时，她发现了一个极巧的事：她的1500枚硬币正好是800元，硬币分为1元硬币、5角硬币以及1角硬币。那么，你能说出这些硬币各有多少个吗？

40. 乘雪橇

每到参加西奥伦奇速降滑雪赛的时候，哈利和哈里特都会遇到布罗迪·邦奇一家人。在1千米的赛道上，哈利的新款雪橇比布罗迪的旧款大雪橇快了两倍半，哈利和哈里特最后领先他们6分钟取得了胜利。那么，读者朋友，你能否根据这些信息判断出他们各自用了多长时间跑完了1千米呢？

41. 滚轮船

著名的查普曼滚轮船建于1895年，这艘船通过转动两边的巨大滚轮在水中行驶，而滚轮则都是由电气机车在轨道上运行提供动力的。船在服役的第一年往返于亚马孙河上的两个港口，从A港口顺流而下，它的行驶速度可以达到20千米/小时，到达B港口后，等旅客上船并装载邮件，它开始返回上游的A港口。返航时，它的行驶速度只能达到15千米/小时，就是说相同的距离船要多走5小时。那么，你能计算出A港口距离B港口有多远吗？

42. 看台

此图是一座看台，观察后可知上面可以站6个人，但是现在有7个人，你能为多出来的那个人找个地方吗？

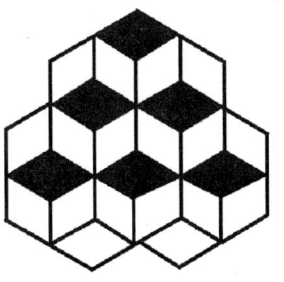

答案

1. 如图：

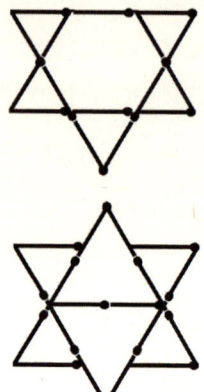

2. 如图：

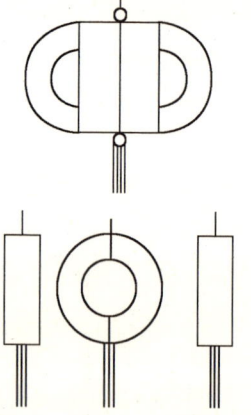

3. 另一半也是女孩。也就是说，5个孩子全都是女孩。

4. 先把拿走的4颗放在一起，然后再将3颗放进去就行了。

5. 如图所示，即可满足要求。

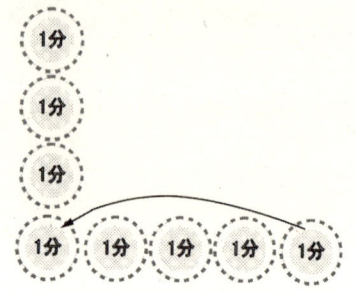

6. 3棵树上的鸟分别为18只、10只、8只。

7. 这群学生一共有12人。因为甲、乙两个学生"正好面对面"，这说明两人左右间隔的人数一样，都是5个人。

8. 我恰好相反。

9. 如图：

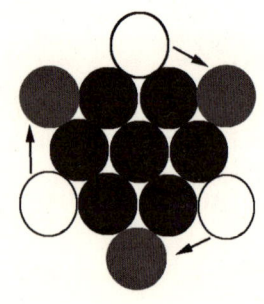

10. 依箭头指示，即可多变出一把伞。

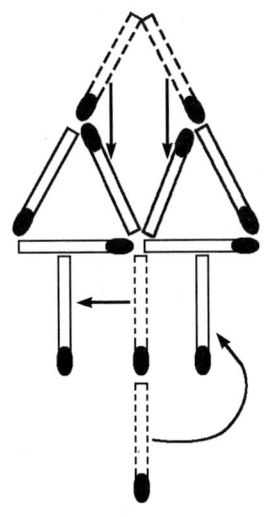

11. 如图：

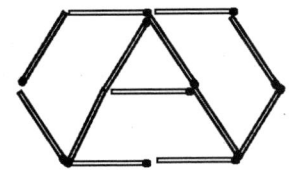

12. 常见的答案是这样的：如果3只猫用3分钟捉住了3只老鼠，那么它们必须用1分钟捉住1只老鼠。于是，如果1只老鼠要花去它们1分钟时间，那么同样的3只猫在100分钟内将会捉住100只老鼠。遗憾的是，问题并不那么简单。这种答案中做了某个假定，它无疑是题目中所没有谈到的。这个假定认为这3只猫把注意力全部集中于同一只老鼠，直到它们在1分钟内把它捉住，然后再联合把注意力转向另一只老鼠。但是，假设换个做法，每只猫各追捕一只老鼠，各花3分钟把它们捉住。按照这种设想，3只猫还是用3分钟捉住3只老鼠。于是，它们要花6分钟去捉住6只老鼠，花9分钟捉住9只老鼠，花99分钟捉住99只老鼠。现在我们面临了一个稀奇古怪的困难：同样的3只猫要花多长时间去捉住第100只老鼠呢？如果它们还是要足足花上3分钟去捉住这只老鼠，那么这3只猫得花102分钟捉住100只老鼠。要在100分钟内捉住100只老鼠——假设这是关于猫捉老鼠的效率指标，我们肯定需要多于3只而少于4只的猫。当然，当3只猫合力围攻单独的一只老鼠时，它们可能用不了3分钟就把它逼得走投无路。可是在这个谜题中，对怎样准确地计算这种行动的时间没做任何交代。因此，这个问题的唯一正确答案是：这是一个意义不明确的问题，没有更多的关于猫是怎样捉老鼠的信息，无法回答

这个问题。

13. 从后面推算上去：

	第一堆	第二堆	第三堆
	16	16	16
拿动后第三次	16−8	16	16+8
拿动前	=8		=24
第二次	8	16+12	24−12
拿动前		=28	=12
第一次	8+14	28−14	12
拿动前	=22	=14	12

所以，原来第一堆有 22 根火柴，第二堆有 14 根火柴，第三堆有 12 根火柴。

14. 他们是三胞胎（或三胞胎以上）中的 2 个人。

15. 一般来说，后开枪的人有利。如果以数学概率做严密计算，会发现两个玩家的死亡概率都是 1/2。但从逻辑的角度来看，应该是后开枪的人有利。比方说，当两个玩家发现弹匣里只有最后一发子弹时，后发的人可以朝对方先开一枪，然后再逃离现场。

16. 阿凡提问："您居住在此地吗？"就可知道此地是正常国还是反常国。因为那人是住在这里的，如果他摇头，那就说明这里是反常国，如果他点头，就说明这里是正常国。

17. 从上面的数据可以知道，男孩的分配比例应为 9∶12∶14。因此，770 颗糖果的分法如下：老大分到 198 颗，老二分到 264 颗，老三分到 308 颗。

18. 黑棋子有 48 个，白棋子有 24 个。

19. 第二批是 3 个人。9 个冒险者见到第二批人的时候，剩下的水只够 9 个人喝 4 天了。与第二批人合在一起后，水只够喝 3 天的，因此可知道第二批人在 3 天中喝的水等于 9 个人一天喝的水，那么第二批肯定是 3 个人。

20. 不列方程式，而以两人手中钱数相等（妻子向丈夫交 100 元钱的状态）为前提（丈夫向妻子交 200 元钱的话，妻子手中的钱是丈夫的 2 倍）进行考虑，就可以了。我们可以这样猜，两人各有 100 元、200 元……猜到 600 元的时候，就有眉目了。因此结果就是丈夫从 600 元里面拿出 100 元返还给妻子,即妻子有 700 元,丈夫有 500 元。

21. 119 个。

22. 甲原来赶的羊一共有 36 只。注意:我们先把甲原来赶的那群羊的只数看作 1。那么,原来那群羊只数的(1+1+1/2+1/4)倍正好是 99 只,所以可列式计算:(100-1)÷(1+1+1/2+1/4)=36(只)。

23. C。

24. 艾丁说的是:"我全不知道!"

25. 夫人,只要像我一样说假话就行了。

26. 如果想要拽断书下面的绳子,你可以把绳子向下猛拉。由于书的惯性,在拉力尚未传到书上面的绳子时,下面的绳子就已经拉断了。如果想要拽断这本书的上面的绳子,你可以慢慢地拉绳子,这时拉力发挥作用,再加上书的重量,书上面的绳子就会断掉。

27. 10。

10 + 10 + 5 + 7 = 32。

28.

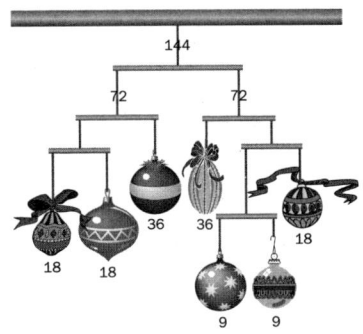

29. 我相信我正处于这两者之间。

30. 元元的衣服最多,新新的衣服第二多。

31. 她原来口袋中有 42 枚硬币。

32. 这是一个讲究"搭配"的思维游戏。在第一个杯子里放 1 块糖,在第二个杯子里放 2 块糖,在第三个杯子里放 3 块糖,然后把第一个杯子和第三个杯子放到第二个杯子里。这样就能保证每个杯子里的糖都是"奇数"。

33. 下面就是每人分得的钱数:马尔文得到 94.25 元、哈维得到 74.25 元、布鲁斯得到 41.25 元、罗洛得到 23.25 元。

$34.$ A 桶中原来有 66 升的葡萄酒，B 桶中原来有 30 升的葡萄酒。

$35.$ 这 50 枚硬币分别是：12 枚 1 元硬币、12 枚 5 角硬币、14 枚 1 角硬币、12 枚 5 分硬币，总共为 $1×12+0.5×12+0.1×14+0.05×12=20$ 元。

$36.$ 如果想要带回 100 千克的玉米面，那么，需要带来 $111\frac{1}{9}$ 千克的玉米（111.111 千克减去 10% 等于 100 千克）。

$37.$ 将这 4 个矩形按照下图中的样子放在一起。它们的四个边可以在中间（即阴影部分）组成一个边长为 1 厘米的空正方形。

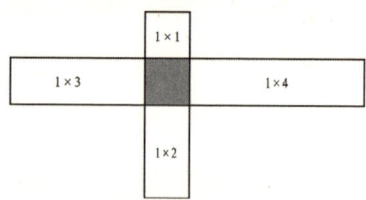

$38.$ 具体的入场费可以分为：11 位男士，共 55 元；19 位女士，共 38 元；70 名儿童，共 7 元。这样，总共有 100 个人，整整 100 元。

$39.$ 每种面值的硬币各有 500 枚，它们依次为：
500 枚 1 元硬币 = 500 元；
500 枚 5 角硬币 = 250 元；
500 枚 1 角硬币 = 50 元。

$40.$ 在 1 千米的赛道上，哈利和哈里特用时 4 分钟，布罗迪一家用时 10 分钟，两者差 6 分钟。哈利的雪橇比布罗迪的雪橇快两倍半。

$41.$ A 港口距离 B 港口 300 千米。
船从 A 港口驶到 B 港口：
$20×15=300$ 千米
船从 B 港口驶到 A 港口：
$15×(15+5)=300$ 千米

$42.$ 如图所示，将这个看台翻过来就可以了。此题需要你对此站台有立体想象力。

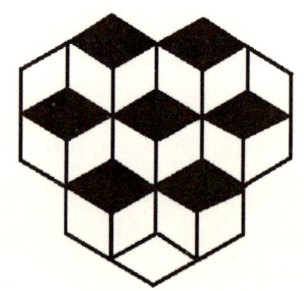

第 4 章

作图法

1. 几个正方形

如图所示的 16 点能围成几个正方形?

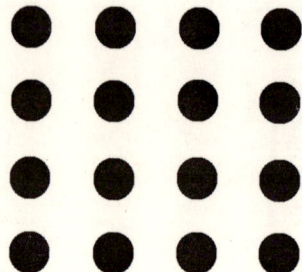

2. 男生还是女生

一个班有 90 个人排成一队去植物园。他们的排列顺序是这样的：男、女、男、男、男、女、男、男、男、女、男、男、男、女、男、男、男、女……那么，最后一个学生是男还是女呢？

3. 双胞离体

将右面 5 种图形分别分成形状、大小都相同的双胞图形。

4. 视图

下图是一个立方体从三个方向看的视图效果,请问黑面的对面是什么样子的?

 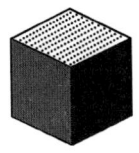 

5. 油漆窗户

右图是一个商店的窗户,它的高和宽都是 2 米。这个商店的油漆工想把它的一半面积漆成蓝色,而同时要留出一个无漆的正方形。那么,他是怎么做的呢?

6. 拉直的绳子

如果这两只狗向着相反的方向拉这根绳子,绳子将会被拉直。

问拉直后的绳子上面有没有结,如果有的话,有几个?

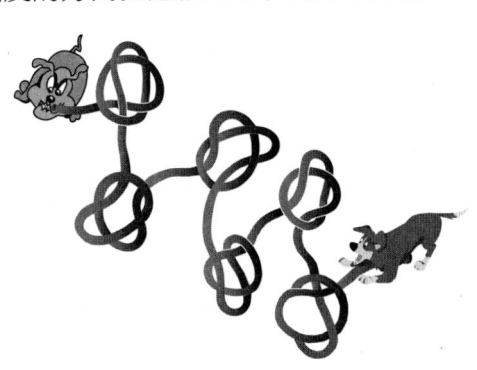

7. 划分数字

将右图分成形状、面积相同的4份,使每份上各数相加的和相等。

8	3	6	5
3	1	2	1
4	5	4	2
1	7	3	9

8. 面积有多大

在一个正三角形中内接一个圆,圆内又内接一个正三角形。

请问:外面的大三角形和里面的小三角形的面积比是多少?

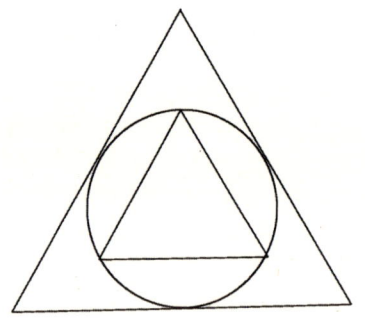

9. 人鬼同渡

3个人和3个鬼同在一个小河渡口,渡口上只有一条可容2个人(或鬼)的小船。如何用这条小船把他们全部渡到对岸去?

条件是在渡河的过程中,河两岸随时都保持人数不少于鬼数,否则鬼会把处于少数的人吃掉。

10. 拼汉字

想象一下，5根横排的火柴和3根竖排的火柴能拼几个汉字？

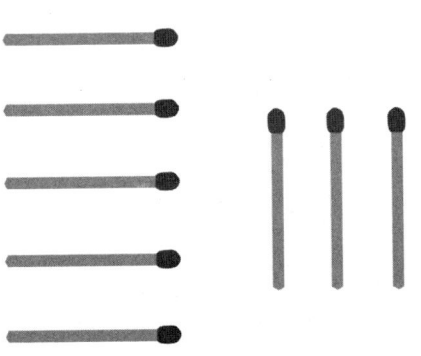

11. 虎毒不食子

有3对母子老虎（所有的3只母老虎都会划船，3只小老虎中只有1只会划船）和一条船（一次只能载2只）。3只母老虎不吃自己的孩子，但只要另外的2只小老虎没有其母亲守护，就会被吃掉。怎样才能让6只老虎安全地过河？

12. 戒指放盒里

一只盒子上面放着一枚钻石戒指，你能否在一分钟内把戒指放到盒里去？

13. 十字变方

图中所示的一张十字标志图,若让你剪一刀,并把它拼成一个正方形,应该怎么做?

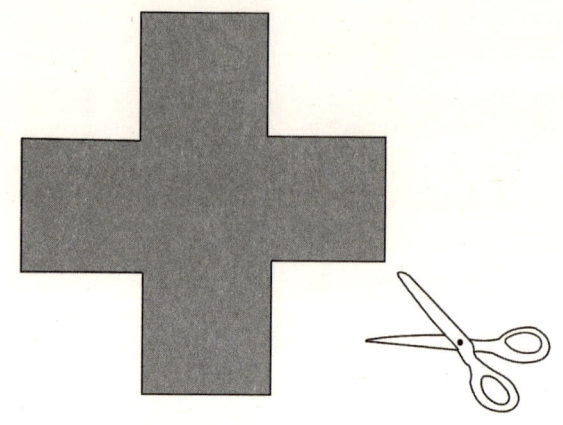

14. 巧做十字标

将下面的木板做成一个十字标志,应该怎样做呢?

15. 设计桌面

下图是一块边角料,小花想把它做成一张方形桌面,请你帮她设计一下,怎样剪拼,才能完成呢?

16. 胜算最大的赌博

大家都知道,骰子的6个面上分别为1到6点,如果使用两颗骰子,把它们掷出去,以两个骰子朝上的点数之和作为赌博的内容。那么,赌注下在多少点上胜算最大?

17. 巴兹·索

巴兹·索·贝利路过马嚼子和玉米咖啡店,在那里,他把刚从木材推销员那听到的一个思维游戏告诉了大家。那个推销员拿出一块钻着小洞的木板让贝利看,小洞位于偏离中心的位置。

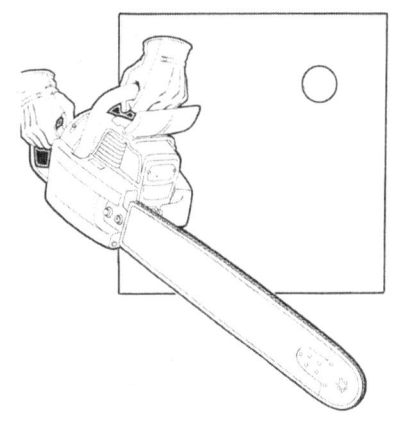

"问题是,"他对贝利说,"如果将木板锯开,那么最少锯成多少块可以在重新拼组之后使这个洞位于中间位置。"你能否找出答案呢?

18. 神奇的"Z"

那个埃及的奇迹制造家——乔德·赫拉比正准备表演神奇的"Z"。他在大家的面前,把这个图形劈成了3块,然后使它们在空中旋转后返回,并拼成了一个完整的正方形。那么,你知道这3块如何重组才能拼成一个正方形吗?

19. 小狗菲多

小狗菲多被人用一条长绳拴在了树上。拴它的绳子可以到达距离树10米远的地方。

它的骨头离它所在的地方有22米。当它饿了,就可以轻松地吃到骨头。

它是怎么做到的?

20. 巧克力

萨尔兹堡方块思维游戏是要把由 20 个边长为 2 厘米的正方形组成的大巧克力板分成 9 份,而这 9 份巧克力在重新排列之后可以拼成 4 个大小相同的完整正方形。

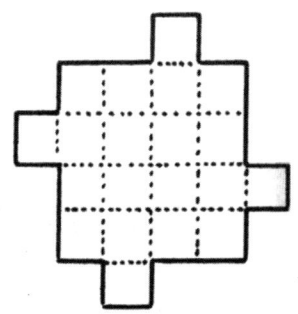

21. 货车卸运

一辆货车将货物 A 运到 B 处,将货物 B 运到 A 处,但不能让它们穿越公路,最后将货车返回到原先的位置。

怎样解决这个问题呢?

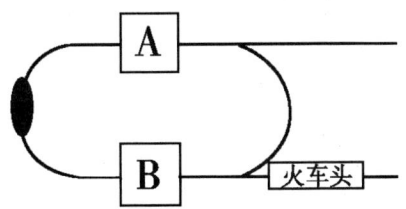

22. 贪玩的蜗牛

一只蜗牛掉进了棋盒,它想走完所有的格子回到原点,但它每次只能"上下"或"左右"移动一格,不能跳动。它要怎样走呢?

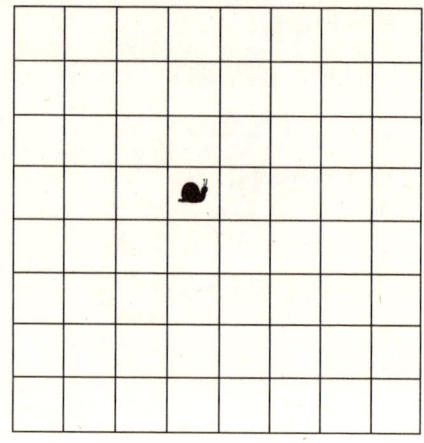

23. 木匠活儿

有一天,老木匠海勒姆·鲍尔皮尼在木场把所有人都给难住了。他拿出来一块不规则的胶合板,然后向工厂工人提出了挑战,看谁能把它切成3块并把它们拼成一个边长为1米的正方形。

24. 老鼠迪克

老鼠迪克要怎样才能吃到奶酪呢?

25. 不向左转

吉姆和汤米在一条马路上走着,眼见前面的马路就要向左拐弯了,汤米便考吉姆说:"你能不往左转,就把这条马路走完吗?"吉姆笑道:"这还不容易?"说罢,便快步向转弯处走去。没多一会儿,他果然没有向左转弯,就走完了这条向左转弯的路。你知道他是怎么做到的呢?

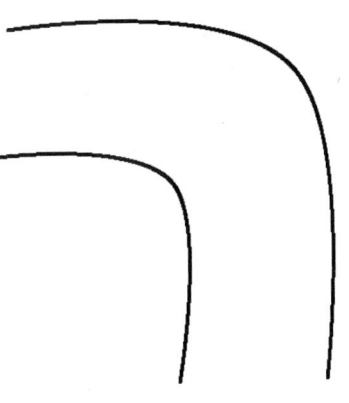

26. 只剩一点

有 17 个如图中所画的点。从任何一点画一条比点粗的直线连接其他的点,最后应可让每一个点至少都能与另一点连接起来。但是,某人做这项工作,虽然连接了所有的点,最后却还是剩下一点。有这种可能吗?

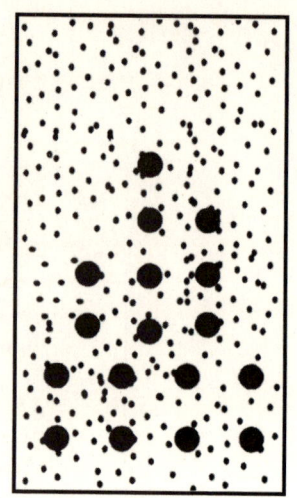

27. 条条大道通罗马

小张、小李、小龙、小王的家在不同的地方,同时他们在不同的地方上班,请大家为他们分别设计一条能回到家又不相互交错的路线。

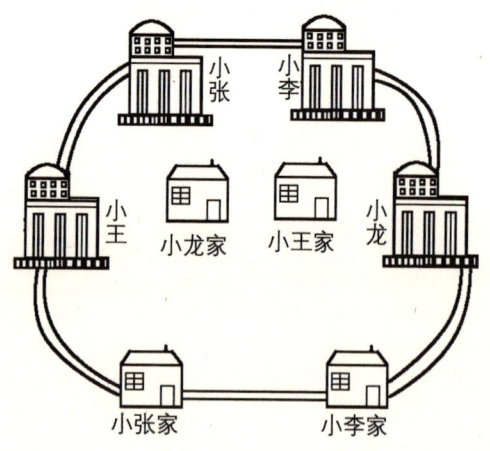

28. 飞船

这艘飞船正从月球飞回地球。下图所示的就是前进舱指挥舰板的平面图。伯肯舰长每小时都会巡视飞船。他将检查从 A 到 M 的每一个走廊，而且只检查一次。但是，通过外走廊 N 的次数不限。同时，进入 4 个指挥中心（1 号、2 号、3 号和 4 号）的次数也不受限制。最后，他总是在 1 号指挥中心结束他的检查。请你把舰长的检查路线展示出来（起点可以从任一指挥中心开始）。

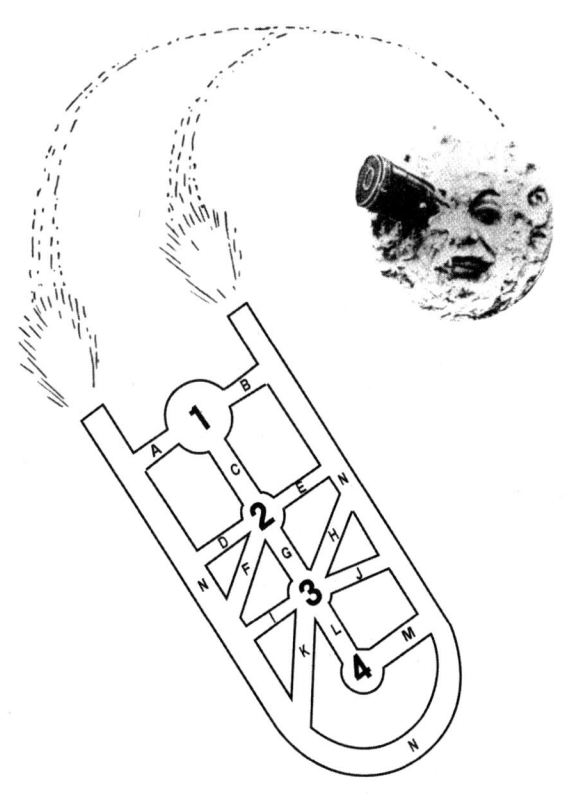

29. 太妃糖

莫尔博斯太太代售各种好吃的东西,也包括糖果。近来,她的生意肯定不错。下面是她为你准备的是一个有关糖果的题——如果你想免费品尝太妃糖,你需要把21块糖排成9条直线,每条直线上有5块。当然,每块糖不止在一条直线上。

30. 应聘

珀西瓦尔·彭布罗克丢掉了自己的高薪工作,他想再找一个也不过是小菜一碟。但是,他应聘的金融投资公司却给了他一个措手不及。公司给他出了一个能力测试题,而他没有通过!他们给了他4个正方形和8个三角形,他的任务是在5分钟之内把它们拼成1个正方形。那么,你能否通过金融公司的这个测试呢?

31.雪橇

下次当你外出滑雪时,如果你想在温暖的临时营地赢得一块热巧克力的话,这里有一个万全之策。跟你的朋友打赌,说他们不可能把6个滑雪橇组成8个完整的三角形。如果你没有外出滑雪,你也可以用汽水吸管来完成。

32. 共线

哪根线与左侧的线共线?

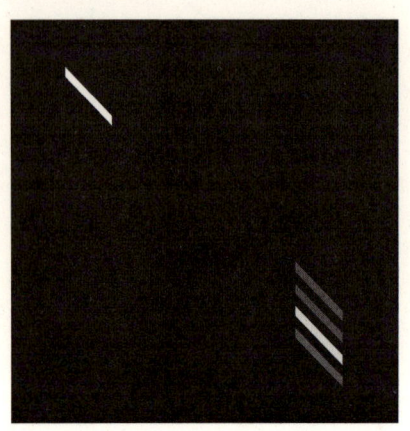

33. 馅饼

火鸡节（即感恩节）过后便没有比馅饼思维游戏更好的游戏了。这个题实在是太古老了，许多年前，在第一个感恩节上，布拉德福总督可能在享用甜点的时候玩过这个游戏。你要判断的是：如果在馅饼上切4下，那么，最多可以切成多少个大小不同的块呢？

34. 面包店

这是一个有关螺旋状的思维游戏。奥拉夫刚刚从烤箱里取出热腾腾的"深红色种子面包",他的这种管状面包非常有名。当他的顾客走过来时,他就问他们:"如果我拿刀子从任意地方将面包切开,那么,我最多可以把它分成多少份呢?"你知道答案吗?

35. 镜子

想象这3个房间的墙上(包括地板和房顶)都铺满了镜子。房间里一片漆黑。

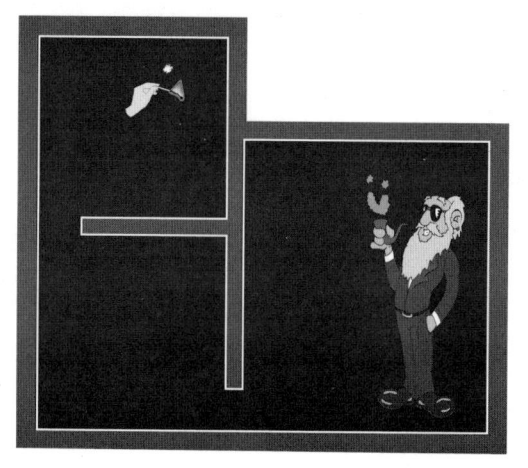

某个人在最上面的房间里划了一根火柴。那么,右边房间里抽烟斗的人能看到火柴燃烧的映像吗?

36. 曲线连数

你能够把上面 1～18 用曲线从头到尾连接起来吗？曲线之间不能相交。

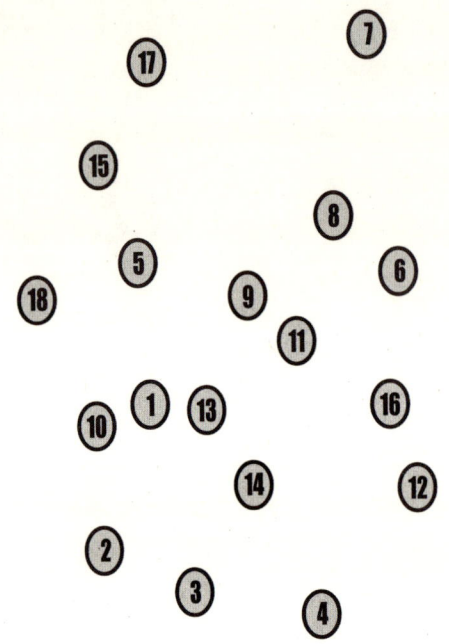

37. 重叠的长方形

将 3 个相同的长方形（长宽比例为 2∶1）叠加在一起，边线最多将会出现多少个交叉？（提示：根据 1 个交叉必须由 2 条线组成，长方形的角不算在内。右图是示例，并不是最大交叉数。）

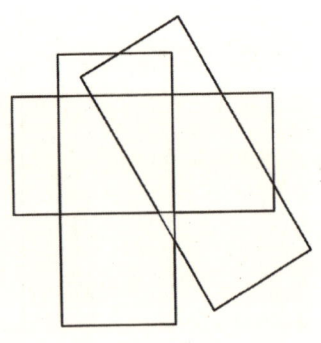

38. 未来时光

一位将军在战场上,拿着望远镜观察远处的房屋,偶尔看见一家墙壁上的挂历有如图所示的黑字。根据这些字能不能推测出这个月的 1 号是星期几?

39. 各走各门

一个院子里住了 3 户人家。这 3 户人家的关系简直坏透了,不只是互不说话,而且谁也不想看到谁。他们想各走各的门,也就是像图上所画的那样,A 走 A 门、B 走 B 门、C 走 C 门。为了避免相遇,他们走的道也不能交叉,那么,他们该怎样走才好呢?

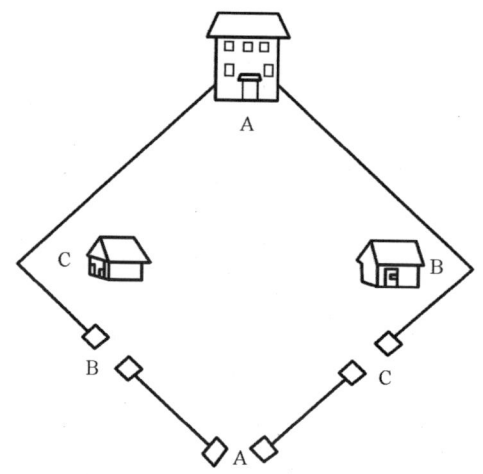

40. 兔子难题

直线 AA 上有 3 只兔子，直线 CC 上也有 3 只兔子，直线 BB 上有 2 只兔子。有多少条直线上有 3 只兔子？有多少条直线上有 2 只兔子？如果拿走 3 只兔子，将余下的 6 只兔子排成 3 排，且每排有 3 只兔子，该怎么排列？

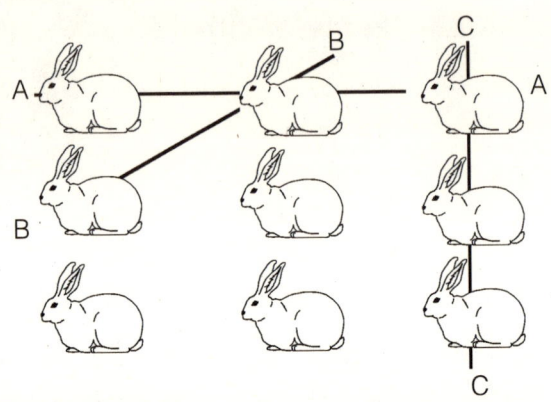

41. 移动汽车

如图，这是一座汽车库，实线表示墙，虚线表示车位的划分，车可以自由移动。如果要将车对调一下，即 1 和 5 对调，2 和 6 对调……每格只能进一辆车，但如果是空的，车移动几格都行。该怎样移动呢？

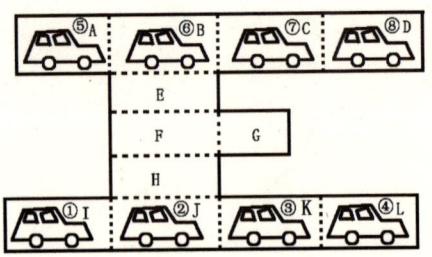

答 案

1. 20个。如图。

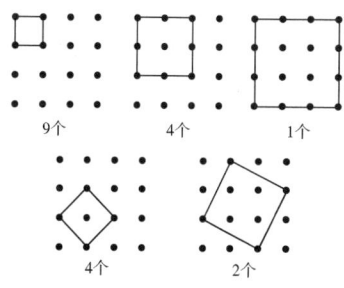

2. 最后一个学生是女生。

3. 沿虚线剪开。

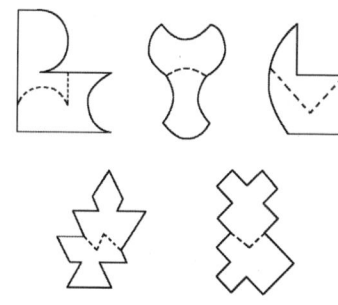

4. 另一个黑面。这道题也要画一个展开图来考虑，但你很快会发现自己被捉弄了，那就是因为存在两个黑色的面，黑色面的对面还是一个黑色的面。

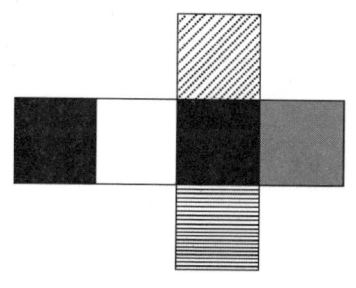

5. 下图中的阴影部分就是应漆成蓝色的地方。

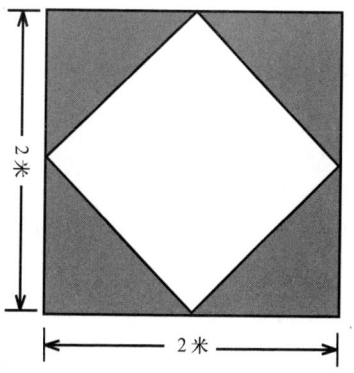

6. 如图所示，绳子拉开之后有两个结。

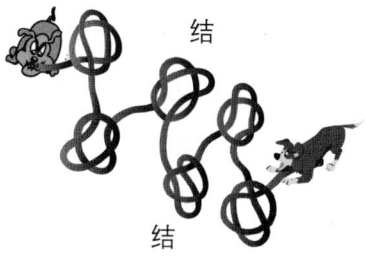

第4章 作图法

7. 如图：

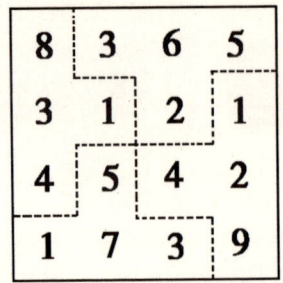

8. 4：1。把小三角形颠倒过来，就能立刻看出大三角形是小三角形的4倍。

9.（1）一个人和一个鬼过河；（2）留下鬼，人返回；（3）两个鬼过河；（4）一个鬼返回；（5）两个人过河；（6）一个人和一个鬼返回；（7）两个人过河；（8）一个鬼返回；（9）两个鬼过河；（10）一个人返回；（11）一个人和一个鬼过河。

10. 4个。如图：

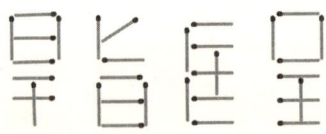

11. 假设大老虎为A、B、C，相应的小老虎为a、b、c，其中c会划船。（1）ac过河，c回来（a小老虎已过河）。（2）bc过河，c回来（ab小老虎已过河）。（3）BA过河，Bb回来（Aa母子已过河）。（4）Cc过河，Aa回来（Cc母子已过河）。（5）AB过河，c回来（A、B、C三个大老虎已过河）。（6）ca过河，c回来（ABCa已过河）。（7）cb过河，大功告成！

12. 添3根直线。

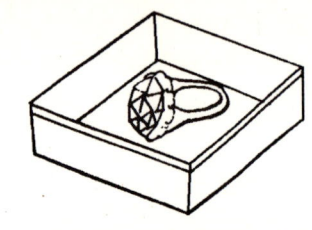

13. 先沿图1的虚线折叠，然后再沿图2的虚线折叠，最后沿图3的虚线折一下，并沿这条线剪一刀，就把"十"字形分成了4块相同的图形，把它们拼起来，就是一个正方形了。

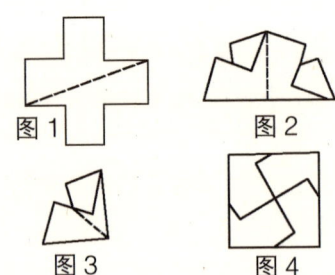

14. 沿虚线锯开。

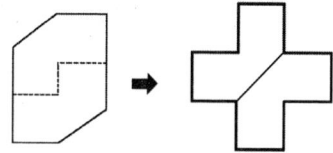

15. 如图:

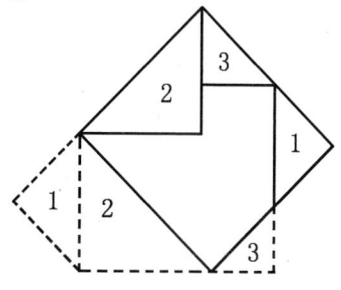

16. 7。两个骰子朝上的面共有36种可能(如下图所示),点数之和分别可为2～12共11种。从中可知,7是最容易出现的数,它出现的概率是6/36=1/6。

2	3	4	5	6	7
3	4	5	6	7	8
4	5	6	7	8	9
5	6	7	8	9	10
6	7	8	9	10	11
7	8	9	10	11	12

17. 最少可以锯成2块,沿着图中虚线将木板锯成2块,然后把锯下来的那块木板两端的位置颠倒,并重新放在木板上。这样,那个洞就位于木板的中间。

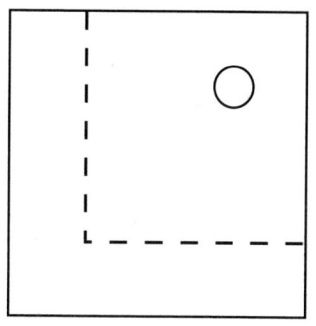

18. 图1中展示了切割线,图2展示了这3块是如何在重组后形成一个正方形的。

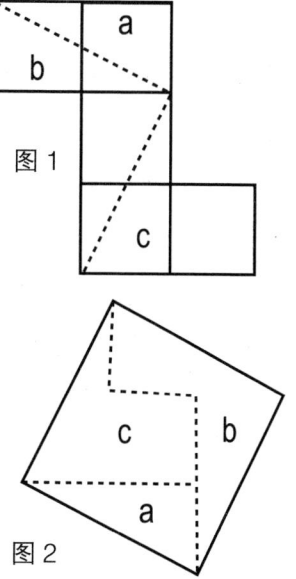

19. 菲多被拴在一棵直径超过2米的粗壮的树上，所以菲多可以绕着树转一个直径为22米的圆，如图所示。

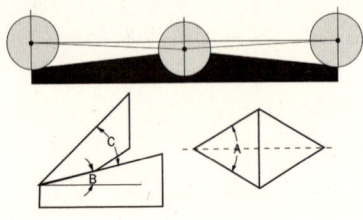

20. A份可以单独作为正方形，2个B份拼在一起成为第二个正方形，2个C份可以组成第三个正方形，4个D份可以构成第四个正方形。

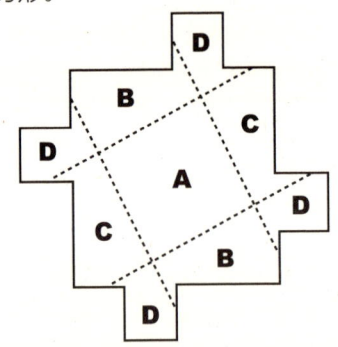

21. 如图：

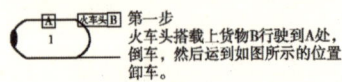

第一步
火车头搭载上货物B行驶到A处，倒车，然后运到如图所示的位置，卸车。

第二步
火车头搭载上货物A，行驶到如图所示位置，卸车，然后火车头穿过隧道，到达货物B处。

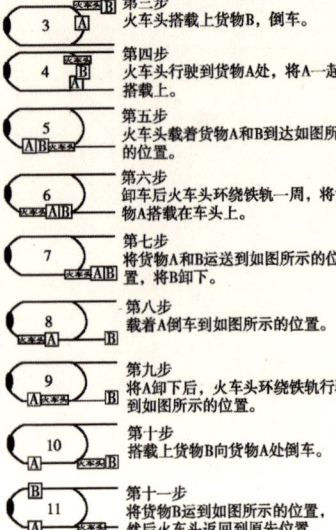

第三步
火车头搭载上货物B，倒车。

第四步
火车头行驶到货物A处，将A一起搭载上。

第五步
火车头载着货物A和B到达如图所示的位置。

第六步
卸车后火车头环绕铁轨一周，将货物B搭载在车头上。

第七步
将货物A和B运送到如图所示的位置，将B卸下。

第八步
载着A倒车到如图所示的位置。

第九步
将A卸下后，火车头环绕铁轨行驶到如图所示的位置。

第十步
搭载上货物B向货物A处倒车。

第十一步
将货物B运到如图所示的位置，然后火车头返回到原先位置。

22. 下图只是正确答案的一种，你可以发挥你的想象帮蜗牛设计路线。

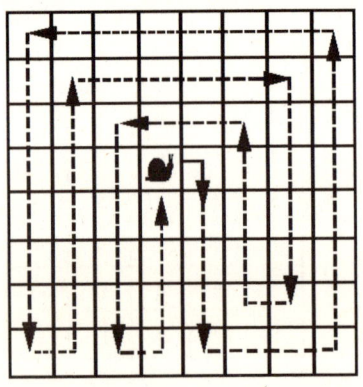

23. 下页图展示了胶合板的切法以及3块板的拼法。

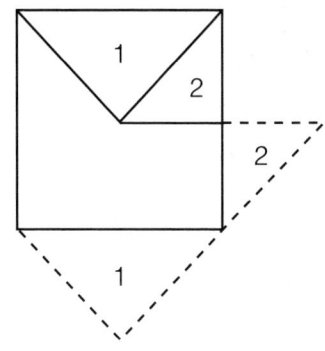

24.

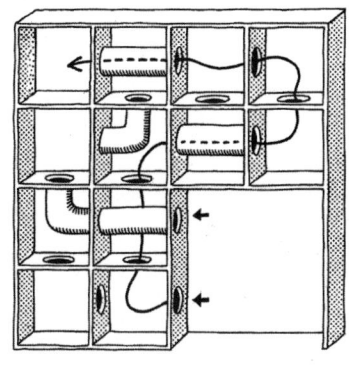

25. 他走的路线如下图中虚线所示：

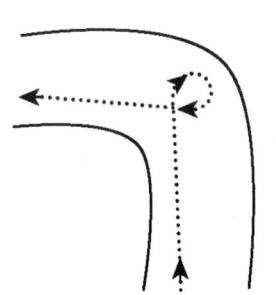

26. 有可能。那个人像图中所显示的一样画直线，所以留下一个"点"的简体字。

27. 如图：

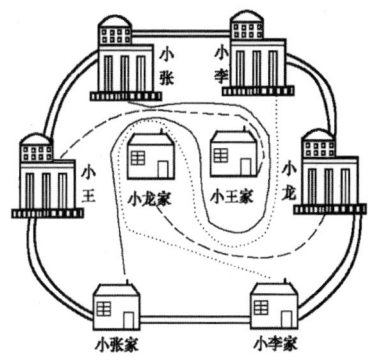

28. 舰长的检查路线如下：从2号指挥中心进去，然后是E，N，H，3，J，M，4，L，3，G，2，C，1，B，N，K，3，I，N，F，2，D，N，A，1。

29. 答案如图所示:

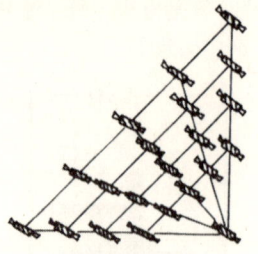

30. 答案如下图所示:

31. 答案如图所示（下图有6个小三角形和2个大三角形）。

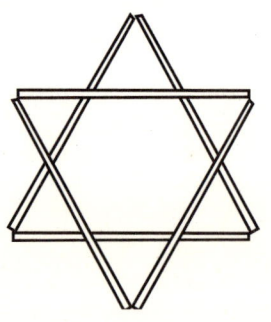

32. 从上往下数第三条线与左侧线共线。

33. 这个馅饼可以切成11个大小不同的碎块（如图所示）。

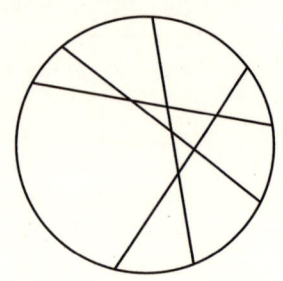

34. 从下图的水平方向可以将这个面包切成10份。

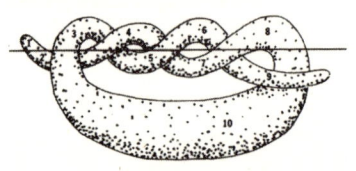

35. 可以，抽烟斗的人能看到经过镜墙反射出来的火柴光。

36. 答案如图所示。原题中选的是18个点，其实用任意多少个点

都可以做到把它们从头到尾相连,且连线不相交。

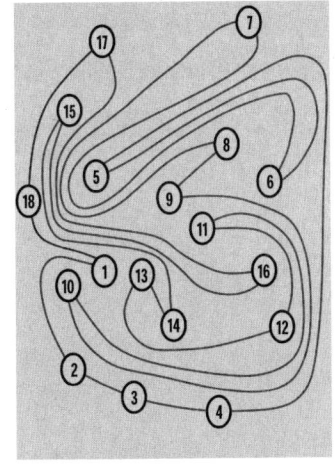

39. 走道的设计如下图所示。既然关系不好,不想见面,走路就别怕绕路。

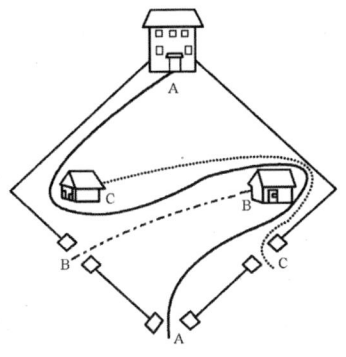

37. 如图所示:

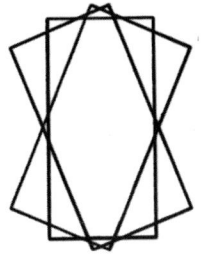

40. 有8条直线上有3只兔子;有28条直线上有2只兔子;6只兔子排成3排且每排3只,可以如下图排列:

38. 要回答这个问题,对日历的形式必然熟悉,日历通常把每月的日期写成5行,看24/31添加栏的月份,1号将是星期五或星期六。已经知道24号是黑体字,说明这天不是休息日。因此,1号排除了星期五的可能,必然是星期六。

41. 照如下顺序移动即可。

1.6→G　2.2→B　3.1→E
4.3→H　5.4→I　6.3→L
7.6→K　8.4→G　9.1→I
10.2→J　11.5→H
12.4→A　13.7→F
14.8→E　15.4→D
16.8→C　17.7→A
18.8→G　19.5→C
20.2→B　21.1→E
22.8→I　23.1→G
24.2→J　25.7→H
26.1→A　27.7→G
28.2→B　29.6→E
30.3→H　31.8→L
32.3→I　33.7→K
34.3→G　35.6→I
36.2→J　37.5→H
38.3→C　39.5→G
40.2→B　41.6→E
42.5→I　43.6→J

第 5 章
假设法

1. 巧送牛奶

牛奶公司的送货员每天都要把牛奶送到各个销售点（图中的黑点），要求路线不能重复，然后回到牛奶公司，送货员该怎么走？

2. 三位美女

有3个大美女，其实是"天使""魔鬼"和"常人"三姐妹。天使总是说真话，魔鬼总是说假话，常人有时说真话，有时说假话。

黑发美女说："我不是天使。"

茶发美女说："我不是常人。"

金发美女说："我不是魔鬼。"

到底谁是谁呢？

3. 丢失的数字

最后的正方形中丢了数字几？

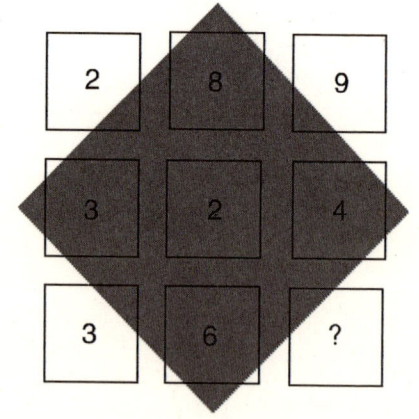

4. 扒手

派出所民警讯问公共汽车上的一桩盗窃案的嫌疑人甲、乙、丙、丁，笔录如下：

甲说："反正不是我干的。"

乙说："是丁干的。"

丙说："是乙干的。"

丁说："乙是诬陷。"

他们当中有3人说真话，扒手只有一个，那么这个扒手是谁呢？

5. 判断公共汽车驶向

如下图所示，有 A 和 B 两个汽车站点。公共汽车现在是要驶往 A 站，还是驶往 B 站？若此辆车是中国的公共汽车，那么车现在是要驶往 A 站，还是驶往 B 站？请说出理由。

6. 配合握手

握手时，右手对右手、左手对左手相握很方便，但右手和左手、左手和右手相握就很别扭。而且，一个人如果要把自己的左手和右手相握也很不顺手，至于两个人这样相握，那就更别扭了。按照一般人的握手习惯,由5个人的手适当配合,能不能互相握得很好?

7. 错误多面角

在图中,画了一个六角帐篷,它的几何形状是一个正六棱锥,这顶帐篷有7个角落,6个着地,1个悬空。它的三面角有什么毛病?

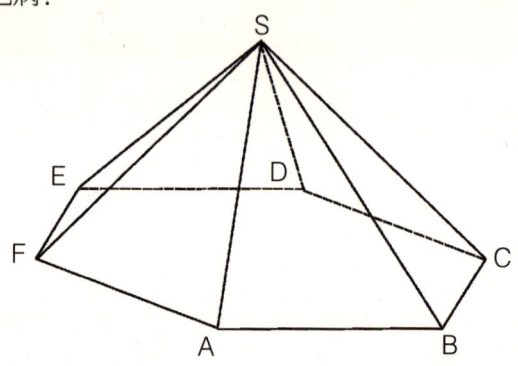

8. 心灵手巧的少妇

这是一个钳子形状的布片,一个心灵手巧的少妇用剪刀剪了3刀,竟然奇迹般地拼出了一个正方形。她是怎样做到的?

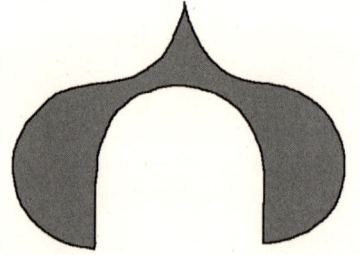

9. 枪战胜算

3个人面临着一场决斗。他们站着的位置正好构成了一个三角形。其中枪神百发百中；枪圣3枪命中2枪；只有小猎手枪法最差，只能保证3枪命中1枪。现在3人要轮流射击，小猎手先开枪，枪神最后开枪。如果你是小猎手，怎样做才能胜算最大呢？

10. 筷子搭桥

3根竹筷3个碗，每两个碗之间的距离都大于筷子的长度，3个碗之间怎样才能用筷子连起来？

11. 螺旋

你可以用这个题迷惑你的朋友。将35支铅笔呈螺旋状摆放（如图所示）。现在，向任何人挑战，看谁能把4支铅笔移动到新位置可使所有的铅笔形成3个完整的正方形。

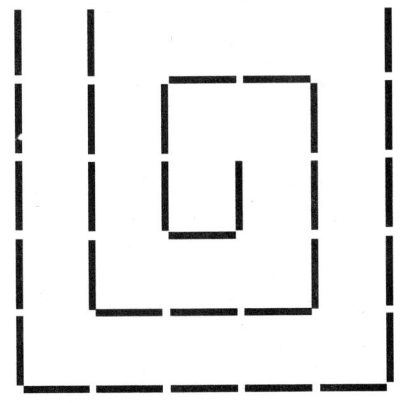

12. 五角星上的硬币

这里有一个很有意思的思维游戏等着你来做。将除8号硬币之外的9枚硬币放在五角星的各个位置上。游戏的目的就是除1枚硬币外把其他硬币从五角星上拿下来。拿硬币时,必须用另一枚硬币沿着线从它的上面跳过去,这个硬币跳过去的地方必须是没有硬币的地方(这种移动硬币的方法与跳棋的跳法相同)。

如果你可以在15分钟内做完游戏,那么,说明你的水平很高。

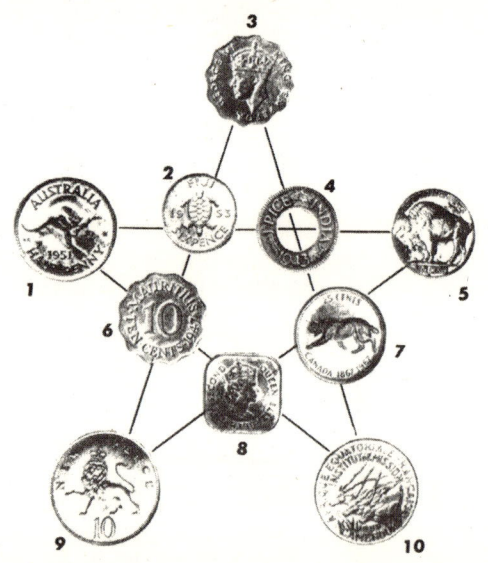

13. 真正的出路

一个顽皮小孩独自闯入一座迷宫,在里面走了很久,一直没有找到出口,孩子吓坏了。

这时,他走到一个三岔路口旁,发现每个路口上面都写了一句话。第一个路口上写着:"这条路通向迷宫的出口。"

第二条路口写着:"这条路不通向迷宫的出口"。

第三条路口上写着:"另外两条路口上写的话,一句是真的,一句是假的,我们保证,上述的话绝不会错。"

那么,他要选择哪一条路才能出去呢?

14. 猜猜是谁

老师在一张纸条上写了甲、乙、丙、丁4个人中的一个人的名字,然后握在手里让这4个人猜一猜是谁的名字。

甲说:"是丙的名字。"

乙说:"不是我的名字。"

丙说:"不是我的名字。"

丁说:"是甲的名字。"

老师听完后说:"4个人中间只有一个人说对了,其他人都说错了。请再猜一遍。"

这次4个人很快同时猜出了这张纸条上写的是谁的名字了。这张纸条上究竟写的是谁的名字?

15. 小男孩和小女孩

过年的时候,穿上新衣的一个小女孩和一个小男孩相遇了。

穿红衣服的孩子说:"我是个男孩。"另一个穿蓝衣服的孩子说："我是个女孩。"他们的父母都笑了，因为他们知道这两个孩子至少有一个在撒谎，那么，你能判断出穿红衣服的到底是男孩还是女孩呢？

16. 冰激凌棒

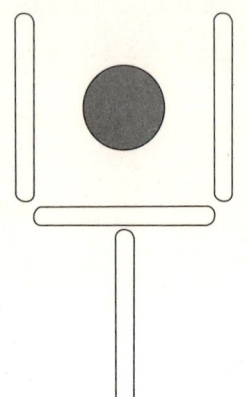

我们用4根冰激凌棒做一个带柄的高玻璃杯。杯中涂色的圆圈是一个多汁的樱桃。你要把樱桃从杯子里拿出来，但是只能移动其中的2根木棒的位置。你不能把樱桃拿走，而且必须保证杯子的形状不变。

17. 邮票

这是一个很好的"邮票难题"。下图有6张来自世界各国的不同邮票，问题是如何将这些邮票摆成一个十字形。但是，要保证十字架的每条线都有4张邮票。

提示：1张邮票可以同时在十字架的2条线上。

18. 杯垫

按照图中的样子在桌子上放 6 个圆形的饮料杯垫。这几个杯垫必须相互紧挨。现在,你必须把它们重新排列,形成一个"完整的"圆,但是你只能移动其中的 3 个杯垫,并且每个杯垫只能移动一次。

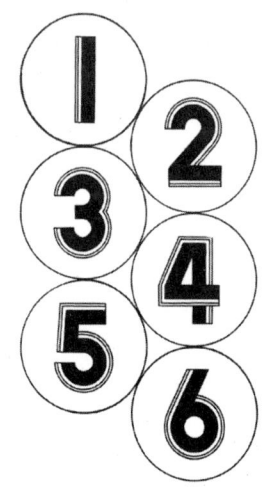

19. 箭头

有一种办法可以只通过移动位置就能将这 4 个印第安箭头变成 5 个。你有什么好办法来解决这个难题,请想一想。

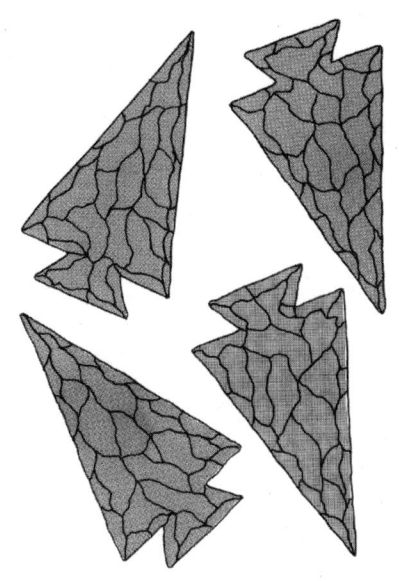

20. 钥匙在哪里

空空是个马大哈,经常找不着钥匙。这天姐姐想故意刁难他一下,就把钥匙放在书桌的抽屉里,并在3个抽屉上各贴了一张纸条。1.左面抽屉的纸条上写着:钥匙在这里。2.中间抽屉的纸条上写着:钥匙不在这里。3.右面抽屉的纸条上写着:钥匙不在左右抽屉里。姐姐说:"3张纸条只有一句是真话,两句是假话。你能只打开一只抽屉就取出钥匙吗?"

空空想了想,根据判断打开一只抽屉,钥匙果真就在那里。请你想想看,钥匙到底在哪一个抽屉里?

21. 撒谎村来的打工妹

晓庆、许薇、杨英3位打工妹在街头相遇。她们中间有一个是撒谎村的人。有人问晓庆:"你是撒谎村来的?"她的回答大家都没听清。许薇说:"晓庆说'我不是撒谎村来的',我也不是。"杨英接茬儿说:"许薇是撒谎村来的,我不是。"那么,到底谁是撒谎村来的呢?

22. 爱撒谎的一家人

有一家人特别爱撒谎。这天中午吃饭,爷爷先在圆形的餐桌前坐了下来,问他4个人要怎么坐。没想到他们连这个也要说谎。

妈妈:"我坐女儿旁边。"

爸爸："我坐儿子旁边。"

女儿："妈妈是在弟弟的左边。"

儿子："那我右边是妈妈或姐姐。"

请问：他们一家人到底是怎么坐的？

23. 燕子李三

燕子李三从贪官 A 家偷了钱以后，挨家挨户送，最后到 B 家。他走的是一条道，并只走一遍，不走第二遍（有走不通的路），而且一家不漏。他是按照什么样的路线走过去的呢？

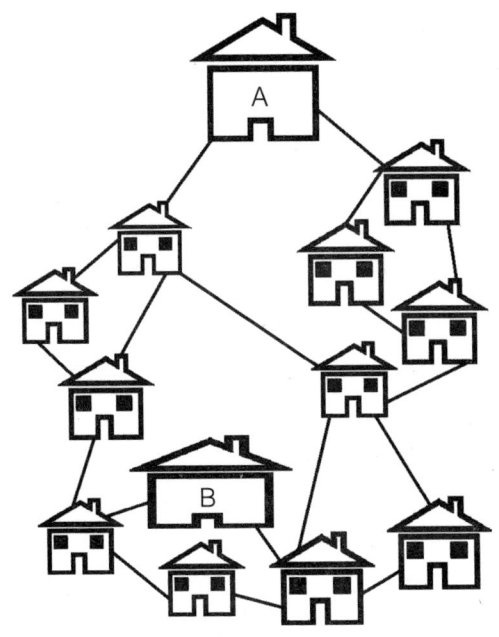

24. 真实身份

有一个美丽的女孩在河边洗澡,当她洗完后发现放在岸边的衣服被人偷了。关于这件事,受害者、旁观者、目击者和救助者各有说法。她们的说法如果是关于被害者的就是假的,如果是关于其他人的就是真的。请你根据她们的说法判定谁是被害者。

玛亚:"凯瑞不是旁观者。"
凯瑞:"希尔不是目击者。"
波西:"玛亚不是救助者。"
希尔:"凯瑞不是目击者。"

25. 分辨姐妹

有姐妹二人一个胖、一个瘦,姐姐上午很老实,一到下午就说假话;妹妹则相反,上午说假话,下午却很老实。

有一天,一个人去看她俩,问:"哪位小姐是姐姐?"胖小姐回答说:"我是。"而瘦小姐回答说:"是我呀。"再问一句:"现在几点钟了?"胖小姐说:"快到中午了。"瘦小姐却说:"中午已经过去了。"请问,当时是上午还是下午?哪一个是姐姐呢?

26. 字母与数字配对

你需要将 A,B,C 这 3 个字母与 1,2,3 这 3 个数字配对,下面是给出的具体信息,你能找出正确的配对结果吗?

1. 如果 B 不是 2 就是 1，那么 A 就是 3。
2. 如果 C 不是 2，那么 A 不可能是 3。
3. 如果 C 不是 1，那么 A 不是 3。
4. 如果 B 是 3，那么 A 不是 2。

27. 哪瓶是葡萄酒

如图所示，有 4 个瓶子分别装入颜色相同的糖水、盐水、白水、葡萄酒，而且每个瓶子上贴了不同的标签。但是在装葡萄酒的瓶子上的标签内容有假，其他的瓶子上的标签内容都是真的。请问，4 个瓶子里分别装的是什么？

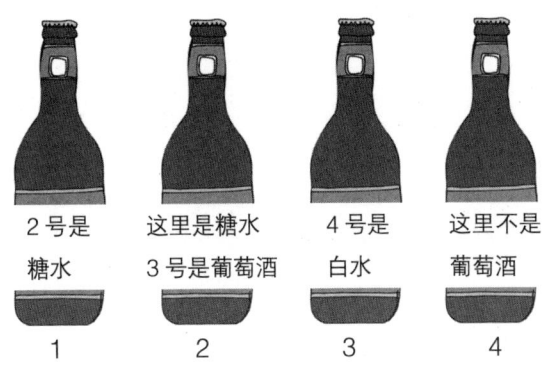

28. 分辨矿石

老师让同学辨认一块矿石。甲同学说："这不是铁，也不是铜。"乙同学说："这不是铁而是锡。"丙同学说："这不是锡而是铁。"老师最后说："你们之中，有一人两个判断都对；另一个人的两个判断都错；还有一人的判断一对一错。"看看你的判断，这块矿石到底是什么？

29. 两位老实人

A，B，C，D，E 5个人当中，有两个人是从来不说谎的老实人，但是另外3个人是总说谎的骗子。下面是他们所说的话：

A："B是骗子。"

B："C是骗子。"

C："E是骗子。"

D："A和B都是骗子。"

E："B和C都是老实人。"

根据以上的对话，请找出老实人是哪两位。

30. 分辨雌雄

一棵大松树上住着松鼠一家10口，有雄有雌，雄鼠说假话，雌鼠说真话。一天，一只麻雀与它们攀谈起来："你们家有几只雄鼠？"

第一只松鼠说："有1只雄鼠。"

第二只松鼠说："有2只雄鼠。"

……

第十只松鼠说："有10只雄鼠。"

究竟有多少只雄鼠呢？

31. 扑克牌

把 10 张扑克牌放在桌子上并且排成一排。从任意一张扑克牌开始,先拿起来然后把它向左或者向右移动,越过 2 张扑克牌后放在第 3 张扑克牌上。这样,两张扑克牌就放在一起,成为一对。接着,再拿起另外一张扑克牌,然后向左或者向右越过相邻的两张扑克牌(遇到成对的扑克牌视为一张)并把它放在第三张单独的扑克牌上。如此继续,要求最后桌子上出现 5 对扑克牌。

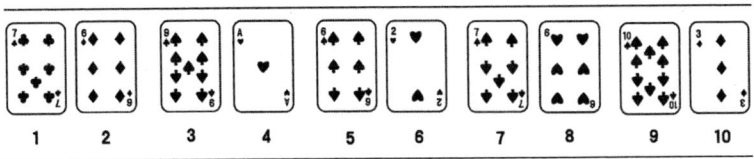

32. 玩纸牌

下图是派波尔教授于 1896 年在伦敦的埃及礼堂展示的著名的幻灯片思维游戏。在这个题当中,3 张纸牌并排放置,

正面朝下。下面给出了特征线索：有一张牌是 2，它在 K 牌的右边；一张方块牌位于一张黑桃牌的左边；一张 A 牌位于一张红桃牌的左边；红桃牌位于黑桃牌的左边。那么，你可以把每一张牌都猜出来吗？

33. 金字塔

这个古老而珍贵的问题来自尼罗河谷。下图祭坛上的图示中有 6 个金字塔，问题是把它们重新排列，使它们摆成祭坛下面的样子。排列的规则如下：你只能用 3 步完成；每一步都要使相邻两个金字塔上下颠倒；每一个金字塔都必须保持在原位置。

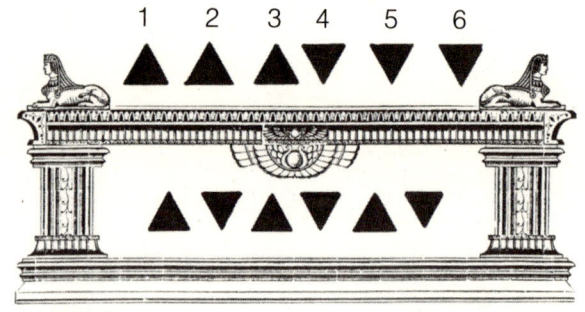

34. 可怜的囚犯

5 个"囚犯"分别按 1～5 号在装有 100 颗绿豆的麻袋里抓绿豆，规定每人至少抓一颗，而抓的最多和最少的人将被处死，他们之间不能交流，但在抓的时候，可以摸出剩下的豆子数。组织者讲解游戏规则：

1. 100颗不必都分完;

2. 若有重复的情况,则也算最大或最小,一并处死。

最后,谁能活下来?

35. 玩具店

在思维游戏展览会上,所有的商人都用思维游戏装饰自己的销售窗口。迪利·托诺尔是提沃利市迪利·托诺尔玩具店的老板,今年她想出来一个很好的题目。她用儿童玩具做了一个由9个大小相同的三角形组成的金字塔。如果你想进入最后决赛,你必须使这个金字塔在移走4根梁之后留下5个相同大小的三角形。那么,你有没有兴趣参加这个比赛呢?

36. 4只小狗

有4只小狗，年龄从1岁到4岁各不相同。它们中有两只说话了，无论谁说话，只要说的是关于比它大的小狗的话，就都是假话，说比它小的狗的话则都是真话。小狗甲说："小狗乙3岁。"小狗丙说："小狗甲不是1岁。"你能知道这4只小狗分别是几岁吗？

37. 外星来客

有一天，在广阔的西伯利亚地面上降落了一艘子弹头式的宇宙飞船，随后从里面下来5个穿着奇异服装的稀客，有2个人是火星人，其余的是水星人。面对新闻媒体的热烈采访，5人的发言如下。

菲尔德说："奥尼尔和卡思两者之中只有一个是火星人。"

奥尼尔说："卡思和杰森之中有一个是水星人。"

卡思说："韦伯和杰森之中有一个人是水星人。杰森和菲尔德来自不同星球。"

杰森说："奥尼尔和韦伯之间至少有一个人是火星人。"

韦伯说："菲尔德和奥尼尔之中有一个人是火星人。"

请问：他们之中哪几个人是火星人，哪几个人是水星人？

38. 真正的藏宝箱

阿不拉不仅是个专业小偷，更是一名胆大妄为的冒险分子。有一次，他到德国旅行，途中意外拾获一张藏宝图。于是，在藏宝图的指引下，他来到了海德堡，并且如愿闯入一个古老而神秘的地窖中。地窖内有两个奇怪的大箱子，以及一张布满灰尘的字条。字条上面清楚地写道："我生前所掠夺的宝物都放在其中某个箱子里，但我希望将这些宝贝传给真正有智慧的人——换句话说，阁下若开对箱子，自可满载而归，万一开错了，就得跟我一样，永远长眠于地底之下了。"

阿不拉紧接着发现，两个箱子上也分别贴有字条。

甲箱的字条写道："乙箱的字条属实，而且所有金银财宝都在甲箱内。"

乙箱的字条写道："甲箱的字条是骗人的，而且所有金银财宝都在甲箱内。"

当下，阿不拉愣在原地，百思不得其解。然而，问题真有想象中那么困难吗？你可否帮阿不拉决定打开哪个箱子呢？

39. 天使的钻戒

人间来了4位天使。她们4个人的手上都戴着1枚以上的钻戒，4人的钻戒总数是10枚。她们4个人说的话刚好被魔鬼听见了。其中，有2枚钻戒的人的话是假话，其他人的话是真话。另外，有2枚钻戒的人可能是两人以上。

丽丽:"艾艾和拉拉的钻戒总数为5。"
艾艾:"拉拉和米米的钻戒总数为5。"
拉拉:"米米和丽丽的钻戒总数为5。"
米米:"丽丽和艾艾的钻戒总数为4。"
请问:她们每个人的手上各戴有多少枚钻戒?

40. 游戏天才

比利·索尔皮是一位思维游戏天才。在台上表演时,他经常解答观众提出的题。最近,一家思维游戏俱乐部的老板十分肯定地认为比利不可能在3分钟之内把下图中的幻方题解答出来;并且他答应如果比利成功的话,他将为比利所热衷的慈善事业捐献1万元。在这个题中,比利需要将图中格子内的数字重新排列,使每行、每列中的数字不能重复出现两次;同时,两条对角线上的数字也不能重复出现两次。如果排列正确的话,那么每行、每列中的数字相加的总和为10。比利真的在3分钟之内把这个难题解答出来了,那么,你呢?

41. 水与酒

珀西·波因德克斯特先生是著名的饭后思维游戏专家,他正设法解答一道古老的水与酒的题,但他现在已经不知所措了。这个题是这样的:有2个玻璃杯,里面装着相同数量的液  体。一个装有水,另一个装有酒。首先,从水杯中盛一匙的水倒入酒杯。然后,搅拌均匀。接着,再盛一匙的酒水混合物,并倒入水杯。那么,水杯里的酒比酒杯里的水多还是少?

42. 谁害了议员

一个议员在寓所遇害,4个嫌疑人受到警方传讯。警方有充足的证据证明,在议员死亡当天,这4个人都单独去过一次议员的寓所。在传讯前,这4个人共同商定,每人向警方做的供词条条都是谎言。这几个人所做的供词是:

A. 我们4个人谁也没有杀害他。我离开议员寓所的时候,他还活着。

B. 我是第二个去议员寓所的。我到达他寓所的时候,他已经死了。

C. 我是第三个去议员寓所的。我离开他寓所的时候,他还活着。

D. 杀手不是在我去议员寓所之后离开的。我到达议员寓所的时候,他已经死了。

你知道这4个人中谁杀害了议员吗?

43.马·博斯科姆斯公寓

威廉姆斯先生、巴尼特先生和爱德华兹先生都寄宿在马·博斯科姆斯公寓。他们当中,一个是面包师,一个是出租车司机,还有一个是司炉工,你要把他们的名字和职业一一对应。下面的线索可以给你帮助:

1. 威廉姆斯先生和巴尼特先生每天晚上都下棋。

2. 巴尼特先生和爱德华兹先生一起去打棒球。

3. 出租车司机喜欢收集硬币,司炉工带过兵,而面包师则喜欢集邮。

4. 出租车司机从来没看过棒球比赛。

5. 爱德华兹先生从来没听说过集邮。

答案

1. 如图:

2. 首先,黑发美女不是天使,因为天使只说真话,如果她是天使,她就不能说自己"不是天使"。并且,黑发也不是魔鬼,否则她说的"我不是天使"就成了真话,而魔鬼总是说假话的。所以,黑发只能是常人。接下来,再看茶发美女。她不可能是常人(因为前面已经确定黑发美女是常人),她也不可能是魔鬼,否则"我不是常人"就成了真话,而魔鬼是不说真话的。所以,茶发美女是天使。

两个已经确定了,那余下的金发美女,就只能是魔鬼了。

3. 1。把每一行都看作一个三位数,由上至下,依次为 17,18,19 的平方。

4. 扒手是乙。

5. 公车的左右都有门,如果是右侧通行的国家,司机门在左,乘客门在右,否则相反。驶往 A 车站和驶往 B 车站都有可能。所以,若是在中国,这辆车将开往 A 站。

6. 由 5 个人的手配合相握,感觉好像能握好,不妨先做一个假设,两组右手和两组左手都能握得很好,但剩下的一只右手和一只左手却怎么也握不好了。

7. 设图中的帐篷形状是正六棱锥,那么棱锥底面是正六边形,每个内角等于 120°。如果侧面是正三角形,那么侧面的每个底角都是 60°。这时在棱锥底面任一顶点处的三面角中,三个面角将是 60°、60°、120°,不满足"任意两个面角之和大于第三个面角"。所以这样的三面角不存在。

8. 如图：

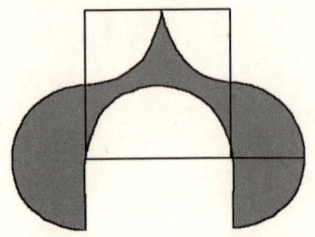

在b筷下，压着a筷。

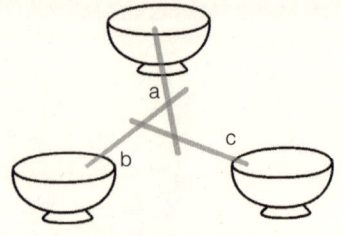

9. 他应该先放空枪。他如果先射击枪神，打中的话，枪圣就会在2枪之内把他打死；如果先射击枪圣，射中的话，枪神会一枪就要了他的命。如果先射枪圣而未中，枪神就会先射枪圣，然后对付小猎手。假如射中了枪神，枪圣赢小猎手的概率是6/7，而小猎手赢的概率是1/7。假如先放空枪，小猎手下一步要对付的就是其中一个人了。如果枪圣活着，小猎手赢的概率是3/7。如果枪圣没打中枪神，枪神就会一枪打中他，此时小猎手的胜算是1/3。小猎手先放空枪，他的胜算会提高到约40%，而枪神、枪圣的胜算是22%、38%。

10. 试一试，让3个筷子互相利用，跷起来就搭成一座桥把3个碗子连起来了。a筷在c筷下，压着b筷；b筷在a下，压着c筷；c筷

11. 答案如下图所示：

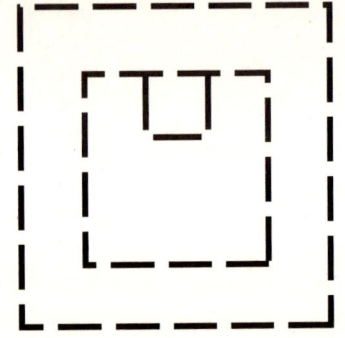

12. 移动的顺序是：（1）5号跳到8号，拿掉7号；（2）2号跳到5号，拿掉4号；（3）9号跳到2号，拿掉6号；（4）10号跳到6号，拿掉5号；（5）1号跳到4号，拿掉9号；（6）3号跳到7号，拿掉1号；（7）2号跳到8号，拿掉3号；（8）10号跳到10号，拿掉2号。

13. 走第三条路。这个题的前提是相信第三条路口上的话是真实

的。如果第一条路写的是真话，那么，它就是迷宫的出口，如果说第二条路上的话也是正确的，这和只有一句话是真话相矛盾。如果说，第一条路上的话是假的，第二条路上的话是真的，它们都不是通往迷宫出口的路，所以真正的路就是第三条。

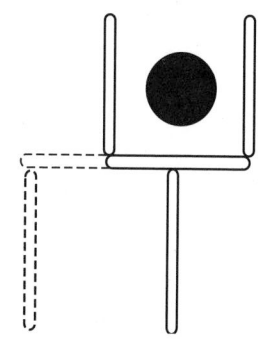

14. 将第一次猜的结果做一个比较，就会发现甲的判断和丙的判断是矛盾的，则其中必然有一真、有一假。如果甲的判断真，那么乙的判断也真，这样就与老师所说的"只有一个人说对了"相矛盾了。所以甲的判断必假。这样丙的判断就是真的了。于是，其余3个人的判断就都是假的了。这样，乙的判断就与事实相反，所以纸条上就一定写着的是乙的名字。

15. 两个孩子都在说谎，所以穿红衣服的孩子是女孩。

16. 将玻璃杯的"底"向左滑动，紧接着把玻璃杯"右边"的木棒挪到玻璃杯的柄脚的左边（如图所示）。这样，杯子就倒过来了，同时，樱桃也就到了杯子的外边。

17. 将2枚邮票叠放在一起，放在中间的位置上。这样，在十字架的每条线上就都有4枚邮票。

18. A图到C图向我们展示了如何将这些杯垫重新排列形成一个"完整的圆"的过程。

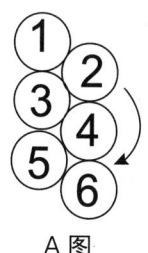

A图

第5章 假设法　119

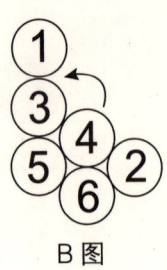

B 图

C 图

19. 按照下图的样子放置箭头,你就会"发现"在中间的位置上出现第五个箭头的轮廓。

20. 钥匙在中间抽屉里。方法一:首先,假如左面抽屉的纸条是真话,那么就是"钥匙在左面抽屉里";右面抽屉上的纸条是假话,那么反过来就是"钥匙在左右抽屉里";而中间抽屉的纸条反过来的意思则是"钥匙在中间的抽屉里"。得出的结论是,钥匙在左面、右面、中间的抽屉里,但是,3个抽屉里都有钥匙是不可能的;因此,第一句话是假话。其次,假如中间抽屉的纸条是真话,那么就是"钥匙不在中间抽屉里",说明钥匙在左面或右面的抽屉里。左面抽屉的纸条是"钥匙在这里",因为是假话,那么反之就是"钥匙不在左面抽屉里",右面抽屉的纸条则应是"钥匙在左右抽屉里",这就产生了矛盾,即左面抽屉的纸条说"不在",右面抽屉的纸条说"在",那么显然难以得到结论。因此,此句也是假话。最后,假如右面抽屉里的纸条是真话,"钥匙不在左右抽屉里",即知"钥匙在中间抽屉里"。而左面抽屉的纸条反过来的意思则是"钥匙不在左面抽屉里"。那么,这恰恰与右面抽屉上纸条的内容是一致的,即肯定了"左边抽屉没有钥匙"。中间的纸条说"钥匙不在这里",因是假话,反之则是"钥匙在这里",这正好与右面抽屉纸条的内容相符,因此证明:钥匙在中间抽屉里。方法二:其实,最快速的方法就是直接看第三句,即右面抽屉纸条上的话:"钥匙不在左右抽屉里"。因为钥匙只能在3个抽屉中其一的一个里面,而题第三句如为假就说明"钥匙在左右抽屉里",这是不可能的,因此只能判断它是真话,即"钥匙不在左右抽屉里",既然不在左面抽屉里,那只能在中间抽屉里。

21. 关键在于晓庆那句没人听清的回答。如果晓庆是撒谎村来的,她会说:"我不是撒谎村来的。"如果她不是撒谎村来的,她还是会这么说。因此,许薇照原样复述了晓庆的话。这说明许薇不是撒谎村来的。而杨英咬定许薇是撒谎村来的,这说明杨英是撒谎村来的。由于只有1个人来自撒谎村,所以,晓庆也不是撒谎村来的。

22. 如图所示,从爷爷的右边开始,依次是儿子、女儿、爸爸、妈妈。

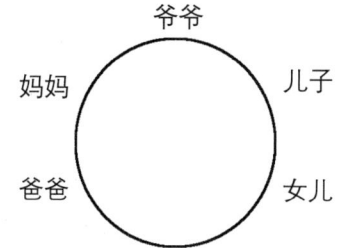

23. 如图:

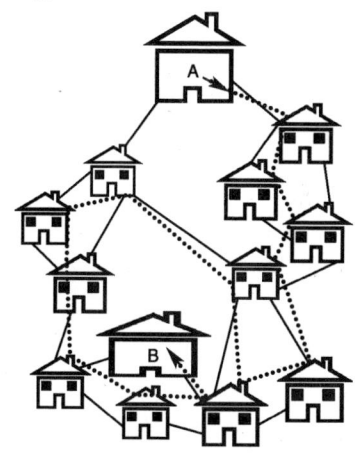

24. 假设玛亚是受害者,那么波西的话虽然是关于受害者的,却是真的,所以,玛亚不可能是受害者。假设凯瑞是受害者,那么玛亚和希尔的发言虽然是对被害者说的却又是真的。所以,凯瑞不可能是受害者。假设希尔是受害者,那么凯瑞的话是对受害者说的却又是真的,所以希尔不可能是受害者。

综上可知，波西就是受害者。

25. 假设当时是下午，可下午姐姐是说假话的，那么姐姐（虽然还不清楚哪一个是）理应说出："我不是姐姐。"但没有得到这个回答，因此，显然是上午。只要把上午的时间定下来，那么说真话的就是姐姐，由此可知胖小姐就是姐姐。

26. A=1，B=3，C=2。可以通过逐一检验每条规则来决定可能性。规则①有两种可能：B=2，A=3，C=1 或者 B=1，A=3，C=2。假设两者中有一个是正确的，再看下面的规则。规则②排除了①中前者的可能性。规则③排除了答案①中后者的可能性。因此 B 不可能是1或者2。规则④：如果 B=3，那么 A 不可能是2，只能是1。因此，C 一定是2。

27. 1号瓶子：白水。2号瓶子：糖水。3号瓶子：葡萄酒。4号瓶子：盐水。假设1号瓶子的标签是假的话，那么3号的标签说的是真的，即4号瓶子装的是白水，2号瓶子标签也是真的，就是说3号瓶子里是葡萄酒，2号瓶里是糖水。这样的话1号瓶子标签就不是假话，所以这个假设不成立。所以，1号瓶子的标签是真的，2号瓶子里装的就是糖水，它的标签也是真的。因此，如果3号瓶子的标签说的是真话的话，4号瓶就是白水，它的标签也是真的，那么就变成所有的标签都是真的，这是不合题意的，不可能。所以，3号瓶子的标签内容有假（葡萄酒），4号瓶子里不是白水。所以，4号瓶子里是盐水。剩下的1号瓶子里就是白水。

28. 这块矿石是铁。可采用假设的方法推理出来。如假设甲同学两个判断都对，那么乙、丙同学的判断都有一个是正确的。与老师的结论矛盾。所以，甲同学的判断不对。依此类推，最后就会得出结论，丙同学的判断都对，这块矿石是铁。

29. A 和 C。先假设 B 是老实人，那么，把 C 说的话颠倒过来，E 就成了老实人。接着，A 跟 D 也是老实人，这样就超过只有两个人的限制了。那假设 D 是老实人的话，把 A 说的话颠倒过来，B 就成了老实人。但是照 D 的说法，B 应该是个骗子，这样就产生矛盾了。再假设E是老实人试试看，加上A和B，老实人变成了三位，所以也行不通。看看剩下的A和C所说的话，就跟题目的条件相吻合。

30. 一共有9只雄鼠，1只雌鼠，第9只是雌鼠。假设第1只松鼠是雄鼠，则它回答的那句"有1只雄鼠"为假，那就肯定不止1只雄鼠；如果第1只松鼠是雌鼠，则回答为真，那么有9只雌鼠，这样其余的9只雌鼠回答都应真，这样每1只的回答显然产生冲突。因此，第1只松鼠应是雄鼠。依此理推论下去，可得答案。

31. 移动的顺序如下：(1) 4号扑克牌放在1号扑克牌上；(2) 6号扑克牌放在9号扑克牌上；(3) 8号扑克牌放在3号扑克牌上；(4) 2号扑克牌放在7号扑克牌上；(5) 5号扑克牌放在10号扑克牌上。

32. 3张扑克牌（从左到右）为：方块A、红桃K以及黑桃2。

33. 首先，把2号、3号金字塔颠倒放；然后，把3号、4号金字塔颠倒；最后，把4号、5号金字塔颠倒。

34. (1) 假设第一个人抓的绿豆多于20颗，则第二个人只需比第一个人少抓一颗，这样剩下的绿豆少于60颗，分给3个人，必然有一个人的绿豆少于20颗，则第二个人的绿豆处于中间，不会被处死。第三个人会选择前面两个人的平均数，此时平均数不是整数，大于20舍去尾数，和第二个人的一样，不会被处死。第四个人会选择前面3个人的平均数，此时平均数不是整数，大于20舍去尾数，和第二个人的一样，不会被处死。第五个人会选择前面4个人的平均数，但平均数大于20时，此时剩下的绿豆少于20颗，他和第一个人将被处死。(2) 假设第一个人抓的绿豆少于20颗，则第二个人只需比第一个人多抓一颗，这样剩下的绿豆多于60颗，分给3个人，由于绿豆不必全部分完，不一定有一个人的绿豆多于20颗，则第二个人可能被处死。第三个人会选择前面两个人的平均数，此时平均数不是整数，小于20进一位，和第

二个人的一样。第四个人会选择前面3个人的平均数，此时平均数不是整数，小于20进一位，和第二个人的一样。第五个人会选择前面4个人的平均数，此时平均数不是整数，小于20进一位，和第二个人的一样。由第四条"若有重复的情况，则也算最大或最小，一并处死"，5个人一起死。也许你会想，既然是一起死，为什么要这么抓呢？"他们的原则是先求保命，再去多杀人"，如果他不这样抓，别人选择最好的方法，那么被处死的将会是自己。如果他这样抓，即使别人选择最好的方法，也是一起死，符合先保命，再多杀人的原则。（3）假设第一个人抓的绿豆等于20颗，此时演变为4个人抓80颗绿豆的情况，如果第二个人抓的绿豆多于20颗，演变为（1）的情况，即第二个人相当于（1）中的第一个人；如果第二个人抓的绿豆少于20颗，演变为（2）的情况，即第二个人相当于（2）中的第一个人；如果第二个人抓的绿豆等于20颗，演变为（3）的情况，即第二个人相当于（3）中的第一个人。由此可见，当第一个人选择抓的绿

豆多于或少于20颗，都会被处死，所以他一定会选择抓20颗；第二个人也是这样想的。所以结论是：5个人都抓20颗，一并处死。

35. 答案如图所示：

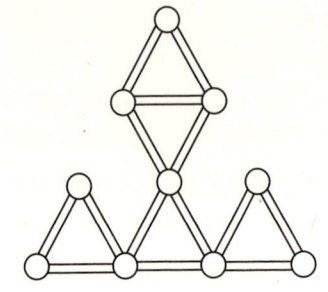

36. 甲：2岁。乙：4岁。丙：3岁。丁：1岁。如果丙小狗说的话是假的话，丙就比甲年龄小，而且甲就是1岁，这是不可能的。所以丙小狗的发言是真实的，就是甲不是1岁，丙比甲年龄要大。如果甲的发言是真的话，就是乙3岁，甲要比乙年龄大就是4岁，这与上面的分析是矛盾的。所以，甲的话是假的，乙也不是3岁，甲比乙年龄要小。根据以上分析，乙是4岁，丙是3岁，甲是2岁，剩下的丁就是1岁。

37. 奥尼尔、杰森是火星人，菲

尔德、卡思、韦伯是水星人。

38. 金银财宝藏在乙箱内。推理步骤如下：

（1）如果甲箱的字条属实，那么"乙箱的字条属实，而且所有金银财宝都在甲箱内"的两个陈述也都是真的。

（2）若乙箱的字条属实，那么"甲箱的字条是骗人的，而且所有金银财宝都在甲箱内"的前一个陈述，也就是"甲箱的字条是骗人的"这个陈述显然违反了之前的假设，所以不能成立。

（3）由此可进一步推论，甲箱的字条是假的，即其中至少有一个陈述并不属实（可能是前面的句子，也可能是后面的句子）。若"乙箱的字条是骗人的"，则表示甲箱的字条是真的，但这个理论又已经证明不成立了。

因此，所有的金银财宝一定都藏在乙箱内！

39. 她们各自手上戴的钻戒数具体如下：丽丽：2个；艾艾：2个；拉拉：2个；米米：4个。

40. 在这个题中，数字的排列方法有很多，下面是其中之一。

4	1	3	0	2
3	0	2	4	1
2	4	1	3	0
1	3	0	2	4
0	2	4	1	3

41. 酒杯里的水和水杯里的酒相等。证明如下：

（1）假如每个玻璃杯里都有100个单位的液体，茶匙可以容纳10个单位的液体。

（2）珀西用茶匙从水杯取出10单位的水并倒入酒杯，然后搅拌均匀。

（3）现在酒杯里有110个单位的液体。当珀西从酒杯取出一匙液体后，两种液体他将各取出$\frac{1}{11}$。这样，茶匙里有$9\frac{1}{11}$个单位的酒、有$\frac{10}{11}$个单位的水。然后，他把茶匙里的液体倒入水杯里。

（4）现在水杯里有$90\frac{10}{11}$个单位的水、有$9\frac{1}{11}$个单位的酒，总共有100个单位的液体。

（5）酒杯里现在有$90\frac{10}{11}$个单位的酒、有$9\frac{1}{11}$个单位的水，总共有100个单位的液体。

42. A。

43. 因为出租车司机从没看过棒球比赛，所以他肯定是威廉姆斯先生。因为爱德华兹先生从来没听说过集邮，所以他肯定不是集邮者。这样，这3个人的职业就是：威廉姆斯先生是出租车司机；爱德华兹先生是司炉工；巴尼特先生是面包师。

第 6 章
计算法

1. 循环赛

5个球队进行篮球比赛，每队互赛一场进行循环赛。比赛的结果如下：

甲队：2胜2败；

乙队：0胜4败；

丙队：1胜3败；

丁队：4胜0败。

请问：戊队的成绩如何？

2. 数字组合

杰米经营一家皮球商店，每天到他店里提货的人特别多，顾客只要一说出需要多少只皮球，只要数目不太大，他不需要一只只地数，就能立刻从货架上取出几个已包装好的纸箱交给顾客，从来没有出过错。你知道他是怎么把货物装箱的吗？

3. 巧妙连线

请你沿着图中的格子线，把圆圈中的数字两个两个地连起来，使两者之和为10。
注意：连接线之间不能交叉或重复。

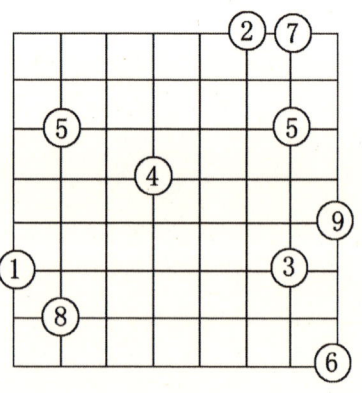

4. 公元前出生的人

一个人在公元前 10 年出生，在公元 10 年的生日前一天死去。请问：这个人去世时是多少岁？

5. 抛硬币

一枚普通的硬币，可可一共抛了 15 次，每次都是正面朝上。现在可可想再抛一次，你知道正面朝上的概率是多少吗？

6. 蜡烛

小张家里经常停电，每停一次，就要用去 1 支蜡烛，每 5 个蜡烛头又可再做成 1 支蜡烛。现在他家里只剩下 40 个蜡烛头了，用这些蜡烛头再做成蜡烛，可以供几个停电的晚上使用？

7. 自助就餐

牛牛在自助餐店就餐，他准备挑选 3 种肉类中的 1 种肉类，4 种蔬菜中的 2 种蔬菜，以及 4 种点心中的 1 种点心。若不考虑食物的挑选次序，则他可以有多少种不同选择方法？

8. 合作

一项工程，山东队独做需 15 天完成，江苏队独做需 10

天完成。两队合作，几天可以完成？

9. 数字和密码

下面是数字和相应密码的对应表。你能确定它们之间的关系并找出最后一行的数字是什么吗？

数字	密码
589	521
724	386
1346	9764
?	485

10. 走楼梯

某人要到 10 层大楼的第 8 层办事，不巧停电，电梯停开。如从 1 层楼梯走到 4 层需要 48 秒。请问以同样的速度往上走到 8 层，还需要多少秒才能到达？

11. 养鸽

有个人想把 50 只鸽子分别装进 10 个鸽子笼里放养。他计划让这 10 个鸽子笼中所放养的鸽子数完全不同。他能实现这个计划吗？

12. 奥赛试题

"奥赛"试题共 20 道，按评分标准，答对一题得 5 分，答错一题倒扣1分，如果小明在竞赛中把题都完了，但只得了70分，请你算一算，他一共答对了多少道题？

13. 创意算式

有4个"5"，你能写出4个"5"组成的得数是1～6的算式吗？注：加减乘除和括号均可以用。

14. 几何

这是一个很有意思的几何思维游戏，而且要比想象的简单。下图中，圆圈的中心点是O，∠AOC是90°，线段AB与线段OD线平行，线段OC长12厘米，线段CD长2厘米。你要做的是计算线段AC的长度。

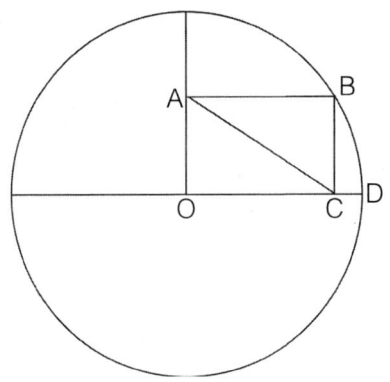

15. 购票

购票须知：门票每张5元，50人以上的团体票可享受8折优惠。可现在全班45人加上王老师总人数才46人，享受不了 8 折优惠。那么，能不能想办法省钱呢？

16. 4个5

解决这个题只需将右图奖状里的 4 个 5 重新排列，使排列后的总数值为 56。怎么办？

17. 狗吃饼干

有条小狗长得真快。在它被收养的前 5 天，这条狗就吃掉了 100 块狗饼干。如果它每天比前一天多吃 6 块狗饼干，那么这条小狗第一天共吃掉多少块饼干呢？

18. 希腊绅士

据说，曾有一位希腊人，孩童时期占据了他生命中 1/4 的时间，青年时期占据了 1/5，在生命中 1/3 的时间里他是成人，而在生命的最后 13 年里，他成了一位老绅士。那么他在去世时年纪有多大呢？

19. 欢聚圣诞节

泰森一家人在一起欢聚圣诞节。他们是：1 位祖母，1 位祖父，2位母亲，2位父亲，1位岳父，1位岳母，1位儿媳，4个孩子，3个孙子，1个哥哥，2个姐姐，2个儿子，2个女儿，问他们最少是几个人？

20. 概率

某人参加考试。考题是30道三选一的选择题，一题一分，只要答对15题以上就算及格。

以概率来说，随便答也可以答对1/3——10题。他有把握答对的题目有6题。此人一定能及格吗？

21. 剩余的页数

共计100页的书，其中的第20～25页脱落了，请问剩下的书还有多少页呢？

22. 破解密码算式

这是一道算式，数字被人用英文密码隐藏了。隐藏了的英文字母是个奇特的式子。请你运用聪明的智慧来想出算式到底是怎样的。

23. 硬币正方形

把 20 个 5 分钱的硬币，摆在正方形的 4 条边上，使每边都有 4 角 5 分钱，怎么摆呢？

24. 招生计划

有一所三年制高中学校，每年级为 300 人，共 900 名学生。该校制定了一个比现有 900 名学生翻一番的扩大招生计划，决定从明年新生入学开始，每年招生要比前一年多 100 人。请问几年后才能完成这个扩大招生计划呢（当然每年的毕业生一个也不能少）？

25. 香槟的分法

7 个满杯的香槟、7 个半杯的香槟和 7 个空杯，平均分给 3 个人，该怎么分？

26. 酒鬼

5 个空瓶可以换 1 瓶啤酒，一个酒鬼一星期内喝了 161 瓶啤酒，其中有一些是用喝剩下来的空瓶换的。

请问：他至少买了多少瓶啤酒？

27. 产量

某工厂 6 月份比上月增产 10%，7 月份比上月却减产

10%。请问，7月份的产量比5月份的产量多还是少？

28. 回到原点

一个孩子刚学了关于角度的知识，感到非常兴奋，他带了一个大的量角器，从一个点出发，向前走了1米，然后就向左转15度；再向前走1米，然后再向左转15度……他这样走下去，可以回到他的出发点吗？如果可以的话，他一共走了多少路程？

29. 猜猜年龄

4人围桌而坐，他们的年龄两两相加的和分别是45，56，60，71，82，其中，有两个人没有相加过。由此，你能算出他们的年龄分别是多少吗？

30. 布鞋与皮鞋

2双布鞋和3双皮鞋的价格是116元，2双皮鞋和5双布鞋的价格是103元，问：皮鞋、布鞋的单价各是多少？

31. 她几岁了

梅琳过生日时说："自我出生后，每年都有一个生日蛋糕呢，上面插着等于我年龄数的蜡烛，迄今为止，我已经吹熄了231根蜡烛了，你能算出她现在多少岁了吗？"

32. 巧算线段

15个点均匀地分布在圆周上,任意两点间都有线段相连,你知道其中共有多少条线段吗?

33. 排列数字

这纯粹是一道数字题。你能将图中的17个数字重新排列,使排列之后的每一条直线上的数字相加之和都等于55吗?

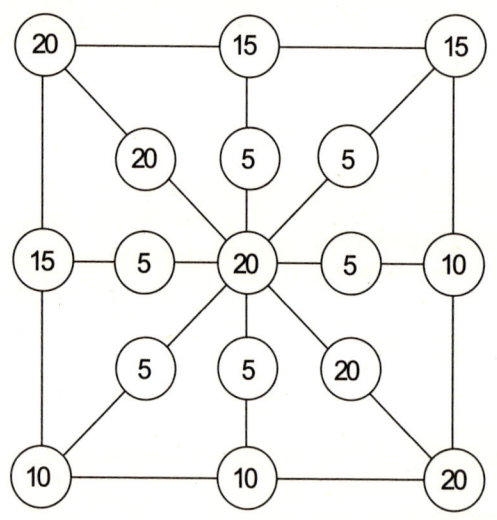

答案

1. 3胜1败。全部共有10场比赛,各队都必须跟其他4队对打一场,4×5=20(场),但是每场有两队出赛,所以20÷2=10(场)。也就是说,总共应该会有10胜。甲至丁合计共有7胜,那么剩下的3胜便是戊队的了,并可以马上算出戊队有一败。

2. 杰米分别以每箱1,2,4,6,16,32,64,128个皮球来装箱。当顾客报出需要多少只皮球时,例如145只,他只要选装有128个皮球、16个皮球和1个皮球的箱子交给顾客就行了。

3. 连接如图。

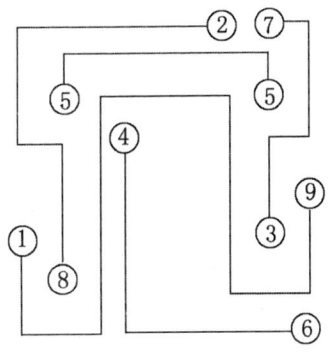

4. 这个人去世时18岁。因为年号里没有称为0年的年,而生日前一天或者后一天之差,在年龄上就差一岁。

5. 毫无疑问是1/2。无论谁来抛,也无论抛多少次,这个概率是不会变的。千万不要让惯性思维把你带入陷阱。

6. 可供9个晚上使用。因为40个蜡烛头可以做成8支蜡烛,8支用完后又可做成1支。

7. 72种。

8. 山东队每天做工程的1/15,江苏队每天做工程的1/10,则两队合作,每天做工作的1/10+1/15=1/6,故两队合作完成全部工程需要1÷1/6=6天。

9. 625。用10减去数字里的每位数上的数字得到破解后的数字。

10. 随口答出48秒的人是没有认真思考的。从1层到4层和从4层到8层是否一样呢?当然不一样。1到4层只走了3层楼梯,而从4层至8层却要走4层楼梯。

48÷3=16（秒），是走一层用的时间。从4层到8层用的时间应为16×4=64（秒）。

11. 不能。因为1+2+3+4+……+10=11×5=55。

12. 全部答对应得100分，而小明只得了70分，少得了30分。答错一道题要倒扣1分，也就是错一道题少得5+1=6（分），所以小明答错了30÷6=5（道），答对了20-5=15（道）。

13. 1=55÷55
2=5÷5+5÷5
3=（5+5+5）÷5
4=（5×5-5）÷5
5=5+5×（5-5）
6=55÷5-5

14. 线段OD是圆的半径，它的长度是14厘米。图形ABCO是个长方形，它与圆的中心以及圆边都相交。因此，线段OB（即圆的半径）的长度为14厘米。因为长方形的两个对角线的长度都相等，所以，线段AC与线段OB的长度相等，即14厘米。

15. 直接买50张票，这样可以省30元。如下：46张票需要46×5=230（元），50张票需要50×5×80%=200（元）。

16. 答案为：$55\frac{5}{5}$。

17. 8块饼干。

18. 60岁。如果将他的整个寿命设为"X"年，那么：

他的孩童时期 =X/4

他的青年时期 =X/5

他的成人期 =X/3

他的老年时期 =13

X/4+X/5+X/3+13=X

X=60

19. 7个人。

20. 不能。随便答而答对的概率有1/3，这1/3是对扣除了他有把握答对的6题剩余的24题而言。所以就概率上来说，他答对的题目共有14题，如此一来，他没办法及格。

21. 92页。从第20~25页共有6页，那么从100里减去6就是94页……那就错了。纸是有正反两面

的，所以不可能只脱落其中的一面。既然第 20 页脱落了，那么第 19 页也必定脱落。同理第 25 页脱落了，那么背面的第 26 页也必然随之脱落。综上所述，应该是从第 19～26 页共计 8 页脱落了。即：100-8=92。

22. 如图：

$$\begin{array}{r} 98765432 \\ \times 9 \\ \hline 888888888 \end{array}$$

23. 其中一种摆法是：4 个角分别把 4 个 5 分钱的硬币摆在一起，再在四条边上分别摆一个 5 分钱的硬币。

24. 要用 4 年，乍一想，每年增加 100 人，好像是需要 9 年时间才能完成扩大招生计划，这完全是错觉。实际上扩大招生后的第一年的新生入学数是 400 人，第二年是 500 人，第三年是 600 人。第四年的新生为 700 人。而在第四年，二年级学生为 600 人，三年级学生为 500 人，共计 1800 人，增加了 900 人。

25. 把 4 个半杯的倒成 2 杯满香槟，这样，满杯的有 9 个，半杯的有 3 个，空杯子的有 9 个，3 个人就容易平分了。

26. 先买 161 瓶啤酒，喝完以后用这 161 个空瓶还可以换回 32 瓶（161÷5=32……1）啤酒，然后再把这 32 瓶啤酒退掉，这样一算，就发现实际上只需要买 161-32=129 瓶啤酒。可以检验一下：先买 129 瓶，喝完后用其中 125 个空瓶（还剩 4 个空瓶）去换 25 瓶啤酒，喝完后用 25 个空瓶可以换 5 瓶啤酒，再喝完后用 5 个空瓶去换 1 瓶啤酒，最后用这个空瓶和最开始剩下的 4 个空瓶去再换一瓶啤酒，这样总共喝了：129+25+5+1+1=161 瓶啤酒。

27. 少。

28. 他可以回到出发点。他一共走了 24 米。

29. 他们的年龄是 17 岁、28 岁、39 岁和 43 岁。

30. 让 2 种情况下的皮鞋双数一样，4 双布鞋和 6 双皮鞋要花 116×

2=232（元），15双布鞋加上6双皮鞋要花103×3=309（元）；皮鞋双数相减为0，布鞋双数相减为15-4=11（双），价格相减为309-232=77（元），所以11双布鞋要花77元，每双布鞋要花7元，继而算得每双皮鞋的价格是34元。

31. 21岁。

32. 不用数，你就能把它算出来。每个点引出14条边，15个点，共210条边。但每条边都有两个点相连接，即被算了两次，所以答案应为210的一半，105条边。

33. 答案如下图：

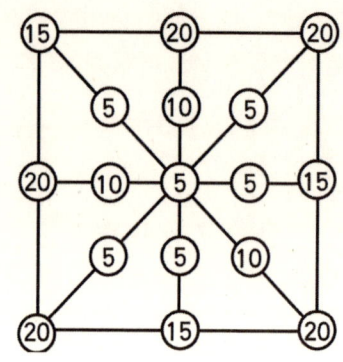

第 7 章

分析法

1. 牛奶咖啡

有一杯咖啡,一杯牛奶。用一把勺子先从牛奶杯中舀一勺牛奶,倒入咖啡中,搅拌均匀;然后再舀一勺混合的咖啡牛奶倒入牛奶中,再搅拌均匀。现在问:是牛奶杯中的咖啡多,还是咖啡杯中的牛奶多?

2. 向左向右

丁丁和冬冬住在同一个院子里,两人又同在一个学校、一个班级上课,是一对好朋友。但是,每天早上一起去上学时,丁丁和冬冬总是一个向左走,一个向右走。这是怎么回事呢?

3. 书的价格

有一本书,兄弟俩都想买。如果用哥哥的钱单买要缺5元钱,如果用弟弟的钱买缺1角钱,如果两人把钱和起来只买一本书,钱仍然不够。那么这本书的价钱是多少呢?

4. 远近

右图中的黑点表示支点。如果将A点和B点移近,C点和D点会接近些还是离远些?

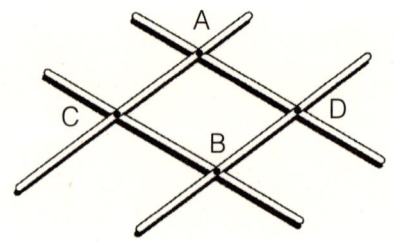

5. 向哪边倾斜

把 3 支正在燃烧的蜡烛平衡地放在天平上，3 支蜡烛燃烧的速度都一样，最后天平会向哪一边倾斜？

6. 创意植树

将 13 棵树栽成 12 行，每行 3 棵，应该以怎样的排列栽种呢？

7. 只动一点点

如图，请加上一根火柴棒，使等式成立。

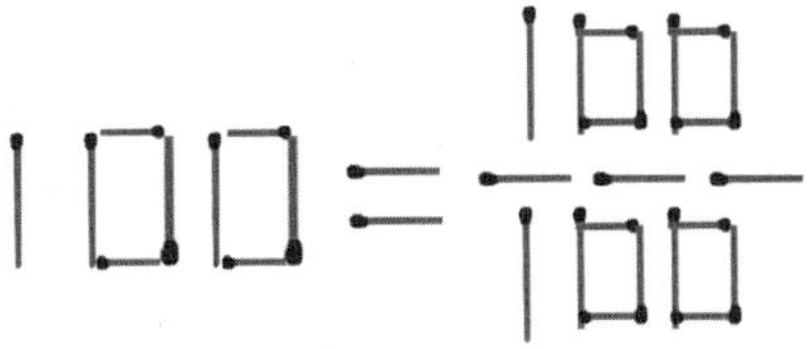

$$100 = \frac{100}{100}$$

8. 停止不动

王先生怕赶不上公司的会议，从车站一直跑到了公司。但不知为什么，他突然站住不动。目的地会议室就快要到了，他为什么不跑了呢？他的身体没什么毛病，会议也照常进行没有中止。

9. 没收钱币

某个地方有这样一个规定：商人带着商品每经过一个关

口，就要被没收一半的钱币，再退还一个。有一个商人，在经过 10 个关口之后，只剩下 2 个钱币了，你知道这个商人最初共有多少个钱币吗？

10. 孰对孰错

汤姆和杰瑞在一起看一本漫画书，汤姆指着书的页码说："我们现在看的这页，左右两页页码的和是 132。"而杰瑞说："你错了，左右两页页码的和是 133。"请你仔细想一想，他们俩谁说得对呢？

11. 赔了还是赚了

有个人收购了两枚古钱币，后来又以每枚 60 元的价格出售了这两枚古钱币。其中的一枚赚了 20%，而另一枚赔了 20%。与当初他收购这两枚古钱币相比，这个人是赚了，赔了，还是持平？

12. 巧取袜子

抽屉里有 10 只灰短袜，20 只蓝短袜。天黑了，你看不清颜色，但需找一对同色的袜子穿，你需要取出多少只袜子才可以找到一对同色的？

13. 比赛排名

张、李、赵、丁、周、方、王、胡等 8 个人参加了 100

米竞赛。比赛结果是：1. 李、赵、丁 3 人中李最快，丁最慢，但不是第八名；2. 方的名次为张、赵名次的平均数；3. 方比周高 4 个名次；4. 王第四名；5. 张比赵跑得快。请排出他们的名次。

14. 板砖

要掉在砌砖工头上的砖有多重？假设它的重量是 1 千克再加上半块砖的重量。

15. 小孔的变化

一枚硬币中间钻了一个孔，如果将硬币加热，孔径是变大还是变小？有人说："金属受热后膨胀，就把有孔的地方挤小了。"他说得对吗？

16. 风中的蜡烛

点燃着的 10 支蜡烛，被风吹灭了 2 支；不一会儿，又被风吹灭了 1 支。于是主人为了挡风，就把窗子关起来。从此以后一支也没被吹灭。请问，最后还剩下几支？

17. 魔方

下图是一个魔方从两个方面看的视图效果，这个魔方的 6 个面上各写着 A～F 不同的字母，请问，C 的对面是哪个字母？

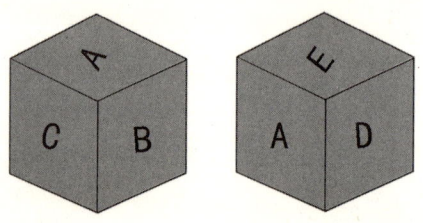

18. 运动员的年龄

有甲、乙、丙 3 个运动员，他们分别是排球队员、篮球队员、足球队员；他们的年龄分别是 17 岁、19 岁、21 岁。已知：（1）甲比篮球队员大 4 岁。（2）丙是足球队员。依据上述条件，这 3 个运动员各自从事什么体育项目，年龄分别是多少？

19. 凶手是谁

花店老板被谋杀了，探长第一时间赶到，现场有 3 人：

油店老板一脸诧异，伙计面无血色，老板娘面无表情。地上一串数字：550971051，凶手是谁？

20. 同步左脚

父亲和儿子一起在散步。父亲的跨步大，儿子走 3 步才能跟上父亲的 2 步。如果他们正好都用右脚同时起步，请问儿子走出多少步后，能和父亲同时迈出左脚？

21. 多点相连

用 6 条直线（一笔）将 16 个点连接起来，怎么连呢？

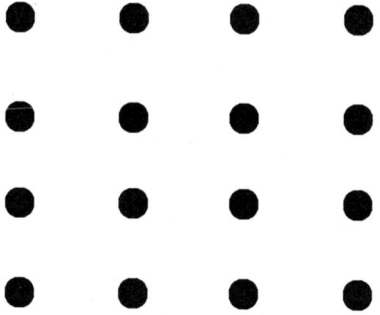

22. 三只桶的称量

有一个商人用一个大桶装了 12 千克油到市场上去卖，恰巧市场上两个人分别带了 5 千克和 9 千克的两个小桶，但他们要买走 6 千克的油，而且一个买 1 千克，一个买 5 千克，这个商人要怎样称给他们呢？

23. 镜子

一个男孩分别从一面平面镜和两面以 90°角相接的镜子中观察自己。

男孩的脸在两种镜子中所成的像是一样的吗?

24. 决斗制胜

有 A,B,C 共 3 人进行决斗,分别站在边长为 1 米的正三角形的顶点上。每人手里有一把枪,枪里只有一发子弹。每个人都是神枪手,不会失手。如果决斗者 A 不想死,他要怎么做才能保证存活?

25. 切割菱形

右面的图是一个菱形,里面有几个数字,你能想办法在上面画 1 条直线,使各个区域的数字总和相等吗?

26. 标签怎样用

狗妈妈生了9只狗宝宝。

9只狗宝宝长得都很相像，分不出哪只是哪只。

有10张带数字的标签，却只有1号到5号的5种。

那么，区别9只狗宝宝最少要用几种数字标签？

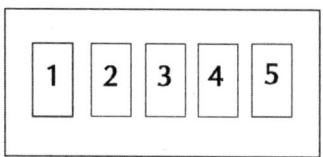

27. 十字路口

假设拿破仑正站在十字路口。一天晚上，一个十字路口的路标被供给马车破坏了。拿破仑军中没有人能把路标放好并使它指向正确的方向。拿破仑沉思片刻之后，发布了命令并把路标放回到了原处。但是，拿破仑以前不曾到过这个十字路口，那么，他是如何做到的呢？

28. 谁对

接在电路上的整根铁丝已经热了。这时冷水滴在铁丝的左端，那么，铁丝右端的温度和刚才相比，会有什么变化？

甲说："右端比刚才要冷！"

乙说："哪里的话，右端比刚才更热！"

丙说："右端温度始终不变。"

你认为谁说得对呢？

29. 遗嘱执行

数学家的妻子正怀着第一胎小孩，数学家的遗嘱是这样写的："如果我的妻子生的是儿子，我的儿子将继承2/3遗产，我的妻子继承1/3遗产；如果我的妻子生的是女儿，我的女儿将继承1/3遗产，我的妻子将继承2/3遗产。"在孩子出生之前，这位数学家就因病去世了！他的妻子生下了一对龙凤胎。如何遵照数学家的遗嘱，将遗产分给他的妻子、儿子和女儿呢？

30. 不同颜色的马

3个女孩各自拥有一匹不同颜色的小马。从以下给出的线索中，你能说出每个女孩的全名和她们各自的马的名字、颜色吗？

1. 贝琳达的褐色小马不叫维纳斯。
2. 姓郝克斯的那个女孩有一匹黑色小马。
3. 灰色小马的名字叫邦妮。

4. 费利西蒂姓威瑟斯。

		郝克斯	梅诺斯	威瑟斯	邦妮	潘多拉	维纳斯	黑色	褐色	灰色
名	贝琳达									
	凯蜜乐									
	费利西蒂									
	黑色										
	褐色										
	灰色										
	邦妮										
马	潘多拉										
	维纳斯										

31. 长长的工龄

昨天,如同往常所有的工作日一样,3位女士在大学食堂的服务台上工作。从以下给出的线索中,你能推断出她们

	52岁	54岁	56岁	16年	18年	20年	主菜	餐后甜点	饮料
布里奇特									
洛蒂									
内尔									
主菜									
餐后甜点									
饮料									
16年									
18年									
20年									

的名字、年龄、工龄和每个人的职责吗?

1. 那位54岁的女士工作的时间没有内尔长。

2. 提供主菜的那位女士今年有56岁了。

3. 洛蒂已经有18年的工作经验,她的工作不是分配饮料。

4. 布里奇特的职责是提供餐后甜点。

32. 3个兄弟

3个兄弟在教堂和他们的新娘举行了婚礼。从以下给出的线索中,你能分别说出三对新人的名字和他们举行婚礼的教堂吗?

1. 在圣三教堂结婚的那对不包括罗德尼或黛安娜,他们两个不是一对。

2. 威廉跟贝尔弗莱结婚了。

3. 琼的婚礼在圣约翰教堂举行。

4. 梅格的新婚丈夫不是肖恩,肖恩妻子结婚前不姓希尔斯。

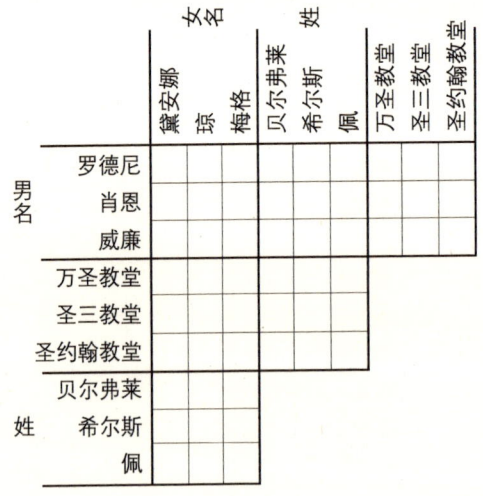

答案

1. 这样搅和之后,各杯的总容积没有变,加进的咖啡必然排去同样容积的牛奶,因此,咖啡杯中的牛奶容量恰好等于牛奶杯中的咖啡容量。

2. 丁丁和冬冬住对门。

3. 书的价钱是 5 元,哥哥没钱,弟弟有 4.9 元。

4. 离远一些。

5. 天平平衡。因为燃烧的速度一样,耗蜡也一样。

6. 如图:

7. 如图所示,把火柴棒竖起来当作小数点。还可以将一根火柴棒放在等号上,变成"不等于"。

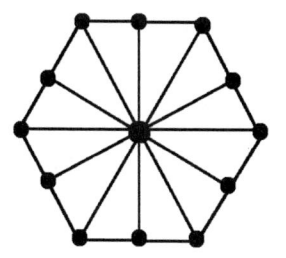

把火柴棒竖起来当小数点

8. 因为王先生进了电梯。在电梯里面当然不能跑了,在抵达目的楼层之前,再怎么着急也只有忍着。

9. 商人最初只有 2 个钱币。

10. 杰瑞说得对。书的右边都是单数页码,左边都是双数页码,右边页码都比左边页码多 1,根据单数 + 双数 = 单数的规律,可以判断左右两页页码的和一定是单数。

11. 赔了 5 元。如按每枚 60 元出售,则赚了 20% 的古钱币的收购价格为: $x \div (1+20\%) = 60$, $x = 50$ 元;另一枚赔了 20% 的古钱币,其收购价格为: $y \div (1-20\%) = 60$ 元,$y = 75$ 元。这样,两枚古钱币的收购价格为 $50+75=125$ 元,而出售价格为 120 元,所以这个人在这次交易中赔了 5 元钱。

12. 取出任何 3 只便够了。

第 7 章 分析法

13. 名次顺序为：张、李、方、王、赵、丁、周、胡。

14. 这个问题把你难住了吗？许多人认为答案是1.5千克，实际上应该是2千克。

15. 说得不对。加热后孔将变大。这是因为，孔外面的金属可以看成是由一个条形的材料弯成的圈。加热的时候，金属条伸长，所以原来的孔变大了。轮子加热后套入轴，就是利用这个道理。

16. 3支。如果是多数人在竞猜这道题，一定会有3种答案，7支、1支不剩和3支。说7支的人显然没有看清楚问题，回答1支不剩的人已经在进一步思考这个问题了。但不够全面。未被风吹灭、一直点燃着的7支蜡烛，最后自然要烧尽，可是被风吹灭的3支蜡烛一定会剩下的。

17. D。如果只通过大脑思考就能解决的话是最好不过了，不过画一个展开图来看是比较常用的方法。

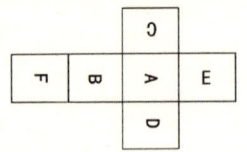

18. 甲是排球队员，21岁；乙是篮球队员，17岁；丙是足球队员，19岁。

19. 凶手是油店老板，把数字写在纸上，然后倒过来当英文看，就是 is oil Boss。

20. 父亲和儿子不可能有同时迈出左脚的情况，看下表：

父亲	右		左	右		左	右		左
儿子	右	左	右	左	右	左	右	左	右

21. 如图：

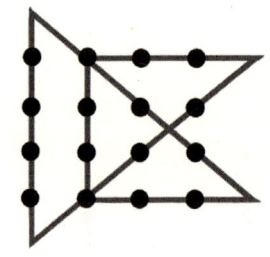

22. 先从大桶中倒出5千克油到5千克的桶，然后将其倒入9千克桶里，再从大桶里倒出5千克油到5千克的桶里，然后用5千克桶里的油将9千克的桶灌满。现在，大桶里剩有2千克油，9千克的桶已装满，5千克的桶里有1千克油。再将9千克桶里的油全部倒回

大桶里，大桶里有了11千克油。把5千克桶里的1千克油倒进9千克桶里，再从大桶里倒出5千克油，现在大桶里有6千克油，而另外6千克油也被换成了1千克和5千克两份。

23. 正常情况下，镜子将物体的镜像左右翻转。以正确角度接合的两面镜子则不会这样。

转角镜中右面的镜子显示的没有左右变化，男孩在镜子中看到的自己和日常生活中别人看到的他是一样的。

这种成像结果是由于左手反转以及前后反转同时作用。

24. A把枪丢到A和B之间，且枪离自己0.7米，离B为0.3米。这时C会比B先开枪，因为C为了防止B射杀自己，再捡枪射杀A（因为A的枪离B较近，所以B完全会这么做），所以只好射杀B。此时，A再捡回自己的枪（因为A离枪0.7米，而C离枪大于1米），这样就可以保命。

25. 把18切成两个"1"和两个"0"。

26. 正确答案是一种。当然用9个数字标签也可以轻易地区分出狗宝宝，但是，即使只有一种卡片也是可以把狗宝宝区分开的。只要把方向和贴的部位区分开，不要说是9只，就是再多的狗宝宝也可以清楚地区分开。举个例子，比如我们有写有"1"的卡片，就可以在第一只肚子上横着贴，第二只背上竖着贴，以此类推……除此之外还有很多方法。

27. 拿破仑将路标杆放回原处，这样，上面标有他刚刚去过的城镇的名字的牌子就指向他来的方向，同时，他也知道应该去的地方了。

28. 乙说得对。因为铁丝左端遇冷之后，这整根铁丝的电阻小了，电流更大，所以右端更热。

29. 儿子是妻子的2倍，妻子是女儿的2倍。相当于遗产分成4+2+1=7份，儿子4/7，妻子2/7，剩下的是女儿的。

30. 灰色小马叫邦妮（线索3），所以不叫维纳斯（线索1），属于贝琳达的那匹褐色小马一定是叫潘多拉。综上得出，黑色小马一定是叫维纳斯，维纳斯的主人姓郝克斯（线索2）。现在我们知道潘多拉的主人叫贝琳达，而维纳斯的主人姓郝克斯，所以费利西蒂·威瑟斯（线索4）必定是灰色小马邦妮的主人。得出凯蜜乐姓郝克斯，贝琳达姓梅诺。

答案：

贝琳达·梅诺，潘多拉，褐色。

凯蜜乐·郝克斯，维纳斯，黑色。

费利西蒂·威瑟斯，邦妮，灰色。

31. 布里奇特的职责是提供餐后甜点（线索4），洛蒂不是提供饮料的（线索3），所以她是提供主菜的，而内尔是提供饮料的。因此，根据线索2，洛蒂是56岁。内尔不可能是54岁（线索1），所以是52岁；布里奇特则是54岁。洛蒂已经为此工作了18年（线索3）。内尔的工作时间一定比16年长（线索1）。所以内尔是20年，布里奇特是16年。

答案：

布里奇特，54岁，16年，餐后甜点。

洛蒂，56岁，18年，主菜。

内尔，52岁，20年，饮料。

32. 琼是在圣约翰教堂结婚的（线索3），所以不在圣三教堂结婚的黛安娜（线索1）一定是在万圣教堂结婚的。因此，梅格的婚礼是在圣三教堂举行的。梅格的丈夫不是肖恩（线索4），也不是罗德尼（线索1），所以是威廉。因此她婚前是贝尔弗莱小姐（线索2）。黛安娜不是跟罗德尼结婚（线索1），她的丈夫是肖恩。罗德尼是跟琼结婚的，所以黛安娜不是希尔斯小姐，而是佩小姐。琼是原希尔斯小姐。

答案：

罗德尼，琼·希尔斯，圣约翰教堂。

肖恩，黛安娜·佩，万圣教堂。

威廉，梅格·贝尔弗莱，圣三教堂。

第 8 章
类比法

1. 最佳位置

在铁路沿线的同一侧有 100 户居民,根据居民的要求要建一家医院,并使 100 户居民到医院的距离之和最小。你知道医院的位置应该建在哪里吗?

2. 文字推数

下面 5 个答案中哪一个是最好的类比?"预杉"对于"须杩"相当于 8326 对于:

A. 2368

B. 6283

C. 2683

D. 6328

E. 3628

3. 单词

下图中的 8 个单词有什么共同点呢?

4. 妙用砝码

天平是用来称量物体重量的，用几个砝码可以在天平上称出从 1 克到 40 克的全部整克数的重量呢？经过验证，用 4 个砝码就可以了。请问该用 4 个多少克的砝码呢？

5. 细菌分裂

有一种细菌，经过 1 分钟，分裂成 2 个，再过 1 分钟，又发生分裂，变成 4 个。这样，把 1 个细菌放在瓶子里到充满为止，用了 1 小时。如果一开始时，将 2 个这种细菌放入瓶子里，那么，到充满瓶子需要多长时间？

6. 谁的照片

有一个人看照片。当有人问这个人在看谁的照片时，这个人回答说："照片上的人的丈夫的母亲，是我丈夫的父亲的妻子的女儿，而我丈夫的母亲只生了他一个孩子。"请问：这个人在看谁的照片？

7. 最重的西瓜

7 个大西瓜的重量（以整千克计算）是依次递增的，平均重量是 7 千克。最重的西瓜有多少千克？

8. 爱丽丝

爱丽丝在去参加麦德·哈特举办的茶会途中遇到一个岔口，她不知道该走哪条路。幸好，半斤和八两哥俩在那里帮忙。

"瓦勒斯告诉我，一条路通向麦德·哈特的家，而另一条路则通向魔兽的洞穴，我可不想去那里。他说你们知道那条正确的路应该怎么走，但同时也提醒我你们当中的一个总是说实话而另一个总是说谎。他还说我只能问你们一个问题。"然后，爱丽丝提出了她的问题，而不论问他们当中的哪个，她都能得出正确的答案。那么，你知道她问了他们什么问题后找到了正确的路吗？

9. 真的没有时间吗

一个人经常抱怨没有学习时间，有一次他又对朋友说："你知道吗？我的时间太紧张了，以至于我没有学习的时间。你看，我每天要睡8小时，这样一年的睡眠时间就是122天。

我们寒假和暑假加起来又有 60 天。我们每星期休息 2 天,那么一年又要休息 104 天。我每天吃饭还要 3 小时,那么一年就需要 46 天。我每天从学校到家走路共需要 2 小时,这些又有 30 天。你看看,所有的这些加起来有 362 天了。"他停了一下说:"我一年只有 4 天的时间学习,那能有什么成绩呢!"你知道这个人错误的地方吗?

10. 碑铭

斯皮尔牧师在去做晚祷的路上碰到了图中的墓碑。而碑铭中的某些东西让他很烦恼。他思考了一会儿发现里面有个错误。那么,你能否找出牧师发现的那个错误呢?

悼念该教区的爱德华·方丹先生,他于 1823 年 10 月 28 日逝世,享年 66 岁;同时,也悼念莎拉·方丹太太,方丹先生的寡妇,她于 1812 年 9 月 23 日逝世,享年 82 岁。

11. 巧妙反驳

从前,有位母亲对想趁着乱世称雄的儿子这么说:"如果你正直的话,就会被大众所背叛;但如果你不正直,就会被神遗弃。反正都没有好下场,你就别强出头了。"这位坚强的儿子不但不放弃,还利用这番话中的盲点说服了他母亲。你知道他是如何反驳的吗?

12. 长袜

虽然罗杰爵士过分讲究衣饰,但他曾被称作是出色的剑客。虽然他的击剑决斗生涯充满波折,但他总会为决斗好好打扮一番。一天早晨,当他再次为决斗装扮自己时,他要找一双长袜。他知道衣柜底下的抽屉里有 10 双白色长袜和 10 双灰色长袜。但是,由于衣柜顶上只有一根蜡烛,光线太暗,以至于他无法辨认哪个是白色哪个是灰色。那么,你认为他最少从抽屉里拿出几只袜子便可以在外边光亮处找到并穿上颜色搭配的一双袜子呢?

13. 一样的小马

下边方框内的哪一个图形与给定的图形完全相同?

14. 最适合

图中标注问号的地方应该填上一列数字,从下列选项中选出合适的填上去。

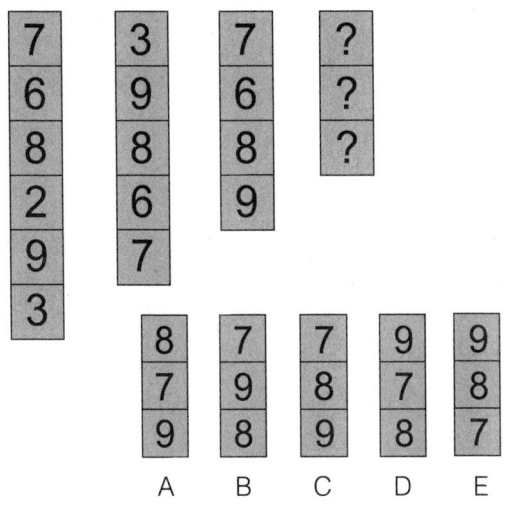

15. 假设

所有的物质实体都可以再分,而任何可以再分的东西都是不完美的。因而,灵魂并非物质实体。以下哪项是使上文结论成立的假设?

A. 所有可以再分的东西都是物质实体。

B. 没有任何不完美的东西是不可再分的(所有完美的东西是不可再分的)。

C. 灵魂是可分的。

D. 灵魂是完美的。

16. 哪里人

所有的赵庄人穿白衣服；所有的李庄人穿黑衣服。没有既穿白衣服又穿黑衣服的人。李四穿黑衣服。如果上述是真的，以下哪项一定是真的？

A. 李四是李庄人。

B. 李四不是李庄人。

C. 李四是赵庄人。

D. 李四不是赵庄人。

17. 判断正误

下面的3个论断中，有一个是正确的，你知道是哪个吗？

1. 这里正确的论断有一个。

2. 这里正确的论断有两个。

3. 这里正确的论断有三个。

同样，下面的三个论断中，也只有一个正确，请选择出来。

1. 这里错误的论断有一个。

2. 这里错误的论断有两个。

3. 这里错误的论断有三个。

18. 成才与独生

一项研究报告表明，在具有高级职称的科技人员中，在兄弟姐妹中排行老大的占48%，排行老二的占33%，排行老三的占15%,其余排行的占2%。由此我们可以得出下列哪一个结论?

A. 排行老大的一般都能成才。
B. "成才"的科技人员多数是独生子女。
C. "成才"的可能性与其在兄弟姐妹中排行次序无关。
D. 在兄弟姐妹中排行越大,"成才"的可能性越大。

19. 挽救熊猫的方法

为了挽救濒临灭绝的大熊猫,一种有效的方法是把它们都捕获到动物园进行人工饲养和繁殖,以下哪项为真,最能对上述结论提出质疑?

A. 近5年在全世界各动物园中出生的熊猫总数是9只,而在野生自然环境中出生的熊猫的数字,不可能准确地获得。
B. 只有在熊猫生活的自然环境中,才有它们足够吃的嫩竹,而嫩竹几乎是熊猫的唯一食物。
C. 动物学家警告,对野生动物的人工饲养将会改变它们的某些遗传特性。
D. 提出上述观点的是一个动物园主,他的动议带有明显的商业动机。

20. 犯罪嫌疑人

某珠宝店被盗,警方已发现如下线索:(1)甲、乙、丙3人中至少有一个人是犯罪嫌疑人。(2)如果甲是犯罪嫌疑人,则乙一定是同案犯。(3)盗窃发生时,乙正在咖啡店喝咖啡。谁是嫌疑人呢?

　　A. 甲是犯罪嫌疑人。
　　B. 甲、乙都是犯罪嫌疑人。
　　C. 甲、乙、丙都是犯罪嫌疑人。
　　D. 丙是犯罪嫌疑人。

21. 百米冠军

　　田径场上正在进行 100 米决赛。参加决赛的是 A, B, C, D, E, F 等 6 个人。关于谁会得冠军,看台上甲、乙、丙谈了自己的看法:乙认为冠军不是 A 就是 B。丙坚信冠军绝不是 C。甲则认为 D, E, F 都不可能取得冠军。比赛结束后,人们发现他们 3 个中只有一个人的看法是正确的,请问谁是 100 米决赛冠军?

22. 朗姆酒

　　传说很久以前,有两个好朋友——比利·伯恩斯和派斯特·皮耶,他们在布奇特·奥布拉德烈酒商店大吵起来。好像是比利拿来一个 5 升的空桶,他让派斯特往里面倒 4 升最好的朗姆酒,但是商店只有一个旧的 3 升锡铅合金的小罐,无论比利和派斯特怎么试,他们都无法用上文中的这两个容器从朗姆酒桶里正好量出 4 升酒。他们屡屡受挫使他们大打出手。如果你当时在场的话,你能否解决他们之间的问题呢?

23. 市议员

当尼德斯沃斯先生为格拉德汉德尔定做新衣服时,你可以计算一下这4位候选人各获得了多少张选票吗?

24. 黄金产权

这几个人是如何完成他们父亲的遗愿的呢?

25. 左撇子，右撇子

一个班级里的学生有左撇子、右撇子，还有既不是左撇子也不是右撇子的学生。在这道题目里，我们把那些既不是左撇子也不是右撇子的学生看作既是左撇子又是右撇子。

班上 1/7 的左撇子同时也是右撇子，而 1/9 的右撇子同时也是左撇子。

问班上是不是有一半以上的人都是右撇子？

26. 假币

一共有 8 个金币，其中 1 个是假币。其余的 7 个重量都相等，只有假币比其他的都要轻。

请问用天平最少几步能够把假币找出来？称重量的时候只能使用这 8 个金币，不能使用其他砝码。

27. 搜查

"所有的三星级饭店都搜查过了,没有发现犯罪嫌疑人的踪迹。"如果上述断定是真的,则在下面 4 个断定中可确定为假的判断是:

1. 没有三星级饭店被搜查过。
2. 有的三星级饭店被搜查过。
3. 有的三星级饭店没有被搜查过。
4. 犯罪嫌疑人躲藏的三星级饭店已被搜查过。

A. 仅 1 和 2
B. 仅 1 和 3
C. 仅 2 和 3
D. 仅 1,3 和 4
E. 1,2,3,4

28. 正确答案

有 4 道测试题(每个问题都用 Y 或 N 来回答),小兰、小朋、小乐 3 人如下表那样回答的。

	Q1	Q2	Q3	Q4
小兰	Y	Y	N	N
小朋	N	Y	Y	N
小乐	Y	N	Y	Y

这个测试题中,每答对一个问题得 1 分,3 人的分数各

不相同。以下陈述中，最低分的人的话是假的。那么请问，怎么答题才能得满分呢？小兰："问题4的正确答案是N。"小朋："小兰只得了1分。"小乐："小朋只得了1分。"

29. 英语过级

有一次学校要统计一下英语四级过级的人数。中文专业共有学生32人。经过统计，可以有这么3个判断：

1. 中文专业有些学生过了英语四级；
2. 中文专业有些学生没有过英语四级；
3. 中文专业班长没有过英语四级。如果只有一个判断是正确的，那么你可以判断出什么？

30. 背后的圆牌

A，B，C，D，E共5人，每个人的背后部系着一块白色或黑色的圆牌。每个人都能看到系在别人背后的牌，但唯独看不见自己额上的那一块圆牌。如果某个人系的圆牌是白色的，他所讲的话就是真实的；如果系的圆牌是黑色的，他所讲的话就是假的。他们讲的话如下：

A说："我看见3块白牌和1块黑牌。"

B说："我看见4块黑牌。"

C说："我看见1块白牌和3块黑牌。"

E说："我看见4块白牌。"

根据以上的情况，推出D的背后系的是什么牌。

31. 假砝码

"你爸爸凯恩教授给我们出的这道思维游戏真的很不错。我们必须从这9个铅制砝码当中找出哪个是假的。其中的8个砝码每个重300克,而第9个砝码只有$280\frac{3}{4}$克!"

"是啊,迈克,而我们在找那个假砝码时只能用这个称。如果我们一次称2个,问题就简单了,我们就可以找到那个假砝码。但是,爸爸说我们只能称2次。现在该发挥你过人的直觉了!"

32. 3000米决赛

世界田径锦标赛3000米决赛中,始终跑在最前面的甲、乙、丙3人中,一个是美国选手,一个是德国选手,一个是肯尼亚选手。比赛结束后得知:

1. 甲的成绩比德国选手的成绩好;

2. 肯尼亚选手的成绩比乙的成绩差;

3. 丙称赞肯尼亚选手发挥出色。

以下哪一项肯定为真?

A. 甲、乙、丙依次为肯尼亚选手、德国选手和美国选手。

B. 肯尼亚选手是冠军,美国选手是亚军,德国选手是第三名。

C. 甲、乙、丙依次为肯尼亚选手、美国选手和德国选手。

D. 美国选手是冠军，德国选手是亚军，肯尼亚选手是第三名。

33. 商业调查

从表面上看，可以说西尔威斯特的调查结果越来越让人担心了。我们先不说芥末账目的出入。火山芥末公司委托他们调查有多少人喜欢辛辣的芥末、有多少人喜欢清淡的芥末。下面是他们呈交的报告：

接受调查的人数……300人

喜欢辛辣芥末的人数……234人

喜欢清淡芥末的人数……213人

既喜欢辛辣芥末又喜欢清淡芥末的人数……144人

从来不使用芥末的人数……0人

当火山芥末公司认真研究这份报告之后，公司十分生气并立刻解除与西尔威斯特调查公司的合作关系，原因是总数计算不正确。那么，你能否找出报告中的错误呢？

答案

1. 因为这些用户沿着铁路排列,可以看成是一条直线。医院应在最中间用户间的任意一点。

2. D。予: 8, 页: 3, 木: 2, 彡: 6

3. 这 8 个单词的共同之处就是它们每个词当中都包含连续的 3 个字母。

4. 使用 1 克和 3 克两个砝码,就可以测量出 4 克的重量,也可以测量出 2 克的重量。依据这个道理,所选择的砝码必须互相利用。计算周全后,即可得出需要的 4 个砝码: 1 克、3 克、9 克以及 27 克的砝码。它们加起来正好是 40 克。可是其他重量的物体怎样称呢?就要像前面举的例子互相配合利用。比如,称 20 克时,右秤盘放上 1 克和 9 克的砝码,左秤盘放上 3 克和 27 克的砝码就行了。照此方法,一直可以称到 40 克。

5. 充满瓶子需 59 分钟。

6. 这个人在看她丈夫的继母的外孙媳妇的照片。

7. 13 千克

? ? ? 7 ? ? ?
1 3 5 7 9 11 13

8. 爱丽丝问:"如果我昨天问你们'哪条路通向麦德·哈特家?'的话,你们的答案是什么呢?"

对于这个问题,说实话的那个人仍会说出正确的答案。而那个说谎话的人会再次撒谎,但是昨天他也在撒谎,所以,他的谎话在抵消后也能推断出正确的道路。

9. 这个人在计算时间的时候重复计算了很多的时间,比如说假期中的睡眠时间和吃饭时间,每星期中的睡眠和吃饭时间,以及很多上学时走路的时间。

10. 根据碑铭上所说的,莎拉·方丹太太比她的丈夫先去世。如果是那样的话,她怎么会是寡妇呢?

11. 儿子说:"如果我正直的话,就不会被神遗弃;如果我不正直,就不会被大众所背叛。所以不论如何,我都不会被背叛的。"这位坚强的儿子不但不放弃,还利用这番话中

第 8 章 类比法

的盲点说服了他母亲。

12. 罗杰最少可以从抽屉里拿出3只袜子。如果前两只正好搭配,他不会有疑问;如果不搭配的话,那么第三只袜子必定与前两只袜子中的一只搭配。

13.

14. E。每一竖行里的数字每次将被颠倒顺序,竖行里最小的数字将被去掉。

15. 正确答案为D。

16. D。

17. 第一个题目中,正确的是1;第二个题目中正确的是2。

18. D。

19. B。

20. D。

21. C。

22. 下面就是派斯特·皮耶应该做的:

(1)将3升的罐子倒满酒,然后,把酒倒入5升的桶中。

(2)将3升的罐子重新倒满酒,然后,再倒入5升的桶中,倒满为止。

(3)3升的罐子这时剩下1升的酒。然后,把5升桶中的酒倒回浪姆酒桶;接着,把3升的罐子里剩下的1升酒倒进去。

(4)将3升的罐子重新倒满酒,然后倒入5升的桶内。这时,桶内正好有比利·伯恩斯想得到的4升酒,即他此次想要购买的酒。

23. 格拉德汉德尔先生获得1336张选票;墨菲先生获得1314张选票——少了22张;霍夫曼先生获得1306张选票——少了30张;唐吉菲尔德先生获得1263张选票——少了73张,共5219张选票。

24. 他们是按下面的方法平分遗

产的:

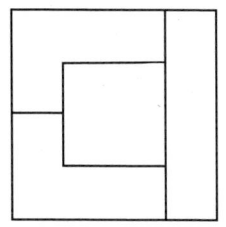

25. N 是既是左撇子同时也是右撇子的学生数。

7N 的人是左撇子，9N 的人是右撇子。

那么 N+6N+8N=15N 即全班的学生数。

而右撇子在学生总数中所占的比例是 9N/15N，即 3/5，超过班上一半的人数。

26. 把 8 个金币分成 2 个部分，一部分 6 个金币，一部分 2 个。

不管假币在哪一部分，我们只用 2 步就可以把它找出来：

先将第一部分的金币一边 3 个分别放在天平的左右两边。如果天平是平衡的，那么假币一定在剩下的 2 个中。

再将剩下的 2 个金币分别放在天平的两端，翘起的那一端的金币较轻，这个就是假币。

如果第一步分别将 3 个金币放在天平的两端，天平是不平衡的，那么假币在翘起的那端。

再取这 3 个金币中的任意 2 个分别放在天平的两端，如果天平不平衡，那么轻的那一端放的就是假币。

如果天平仍然是平衡的，那么剩下的那个就是假币。

27. B。

28. 因为不存在同样分数的情况，所以小兰和小朋不可能都得 1 分，所以，小朋或者小乐有一个人撒谎了。假设小乐得了最低分的话，根据小朋的话（真实），小兰只得了 1 分，小乐比他还要低就是 0 分。就是说，4 个问题的正确答案应该是与小乐的答案相反，即"NYNN"，如此小兰则得了 3 分，这是相互矛盾的。所以，最低分的是小朋，根据小乐的话（真实），小朋应该得了 1 分。根据小兰的话（真实），小朋答对的题只有第四题。所以可知，正确答案就是"YNNN"。

29. 中文专业所有人都过了英语

四级。

30. 白色圆牌。

31. 首先，他们把9个砝码分成3堆、每堆3个砝码。然后把其中的两堆放在秤上，一边一堆。如果两堆中有一堆向上升，那么那个假砝码肯定在这堆砝码里；如果两边保持平衡，那么那个假砝码肯定在第三堆砝码里。无论哪种情况，琳达和迈克在称了一次后就知道假砝码在哪一堆里。称第二次时，他们从放有假砝码的那堆砝码里挑出两个砝码，然后把它们放在秤上、一边一个。如果称两边保持平衡，那么第3个砝码就是假砝码；否则，向上升的那个砝码就是他们要找的。

32. 按条件2和3，肯尼亚选手不是乙也不是丙，一定是甲。开始匹配：

（美）＞肯＞德

乙　甲（丙）

正确选项是C。

33. 先分析一下调查结果：

（1）在食用辛辣芥末的234人当中，有90个人只食用辛辣芥末（234 − 144 = 90）。

（2）在食用清淡芥末的213个人当中，有69个人只食用清淡芥末（213 − 144 = 69）。

这就说明有三类人群：

（1）只食用辛辣芥末的有90人。

（2）只食用清淡芥末的有69人。

（3）既食用辛辣芥末又食用清淡芥末的有144人。

共303人。

然而报告上却显示只有300个人接受了调查。